Prof. HAVET

Exercices Pratiques

D'HISTOLOGIE

PLANCHES

LOUVAIN
LIBRAIRIE UNIVERSITAIRE
A. Uystpruyst, éditeur
10, rue de la Monnaie, 10
1909

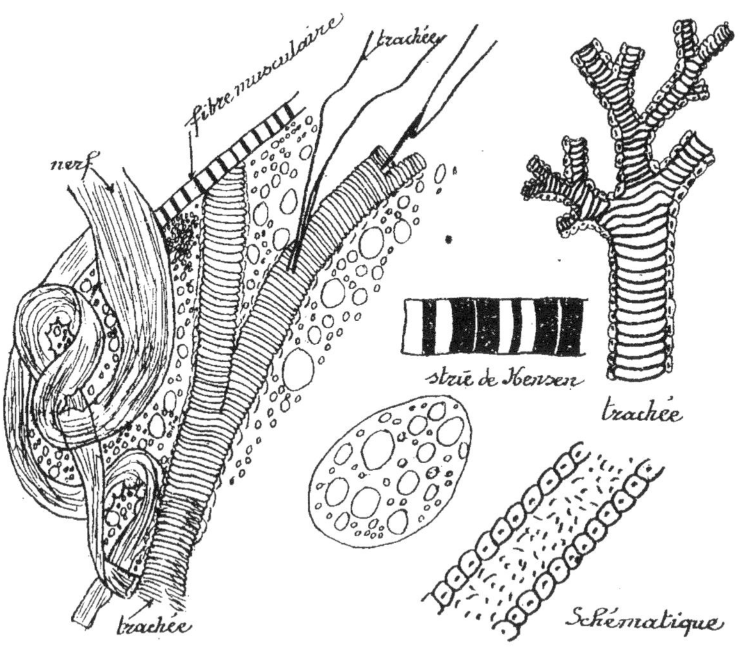

Oryctes trasicornis.

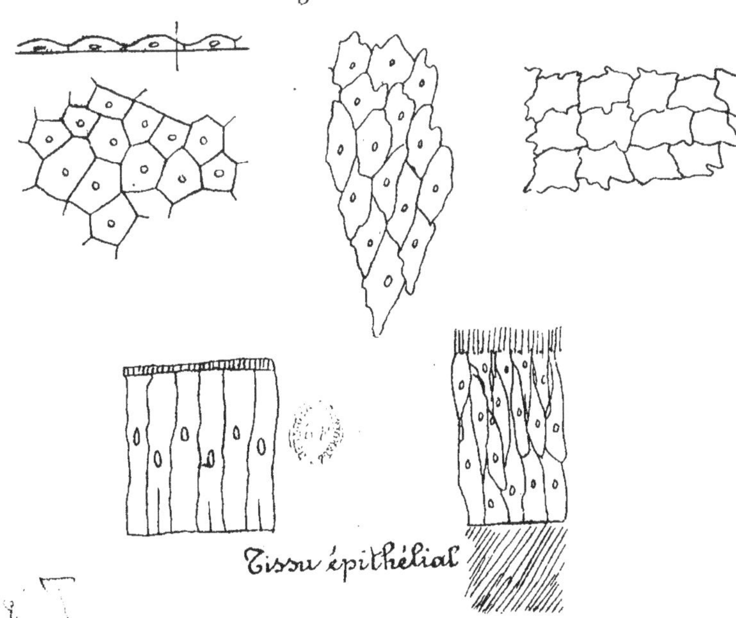

Tissu épithélial

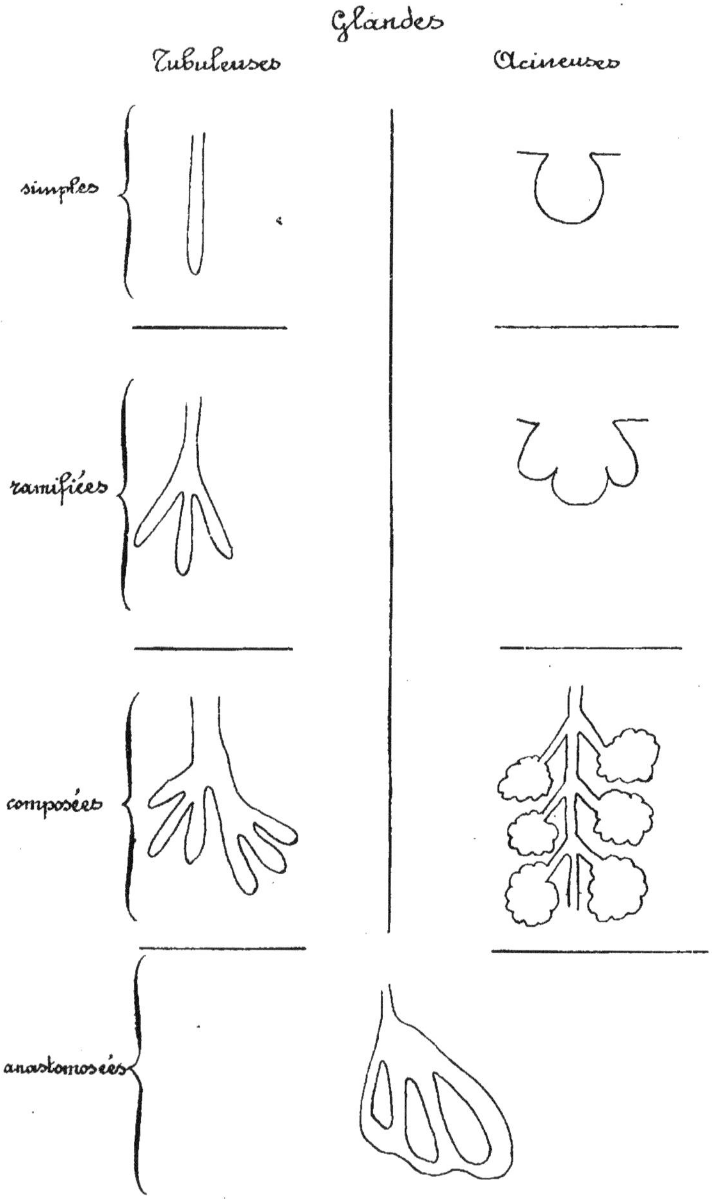

Glandes

Tubuleuses

Acineuses

simples

ramifiées

composées

anastomosées

Fig. 3.

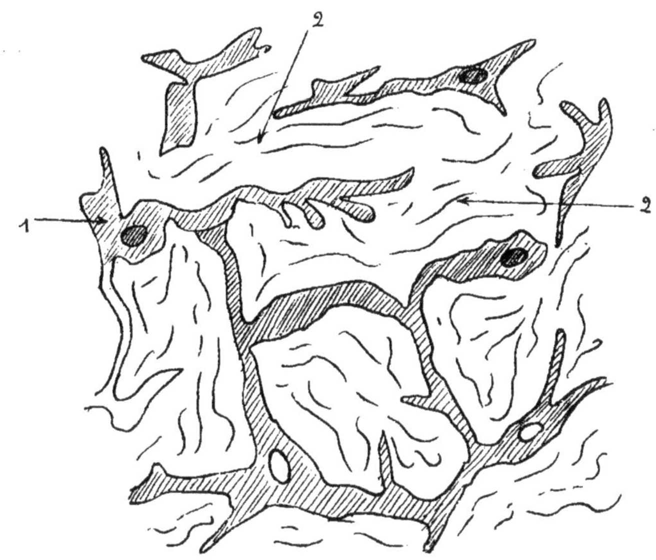

Tissu conjonctif muqueux. _ Schéma.
1. Cellules conjonctivales.
2. Substance intercellulaire avec peu de fibrilles conjonctives.

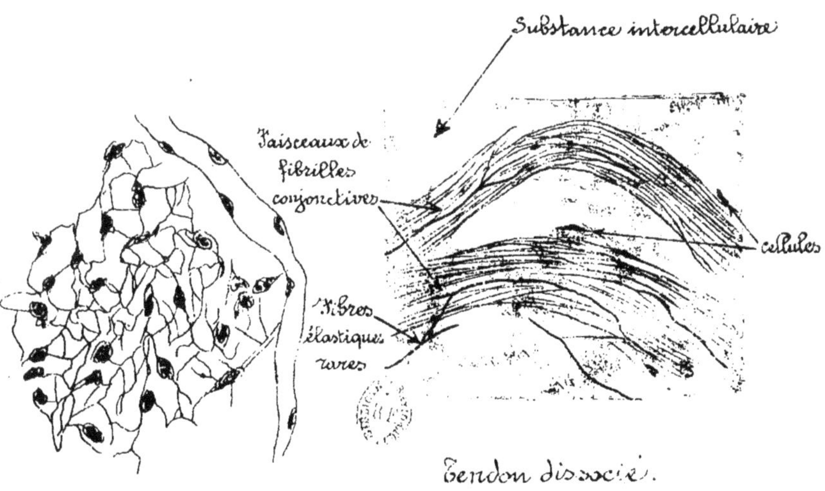

Tissus conjonctif réticulé

Tendon dissocié.
Fort grossissement.

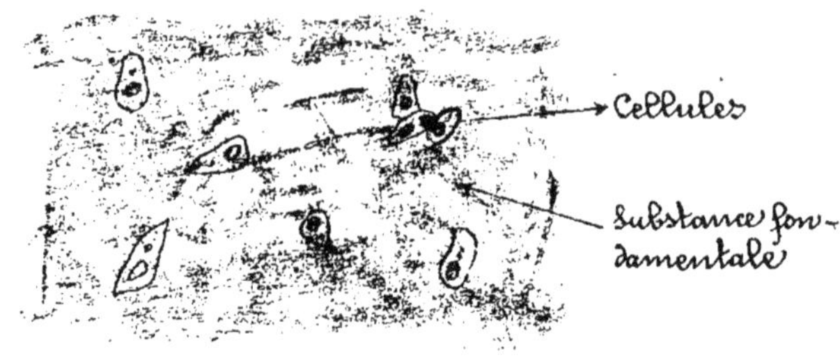

Cartilage hyalin.

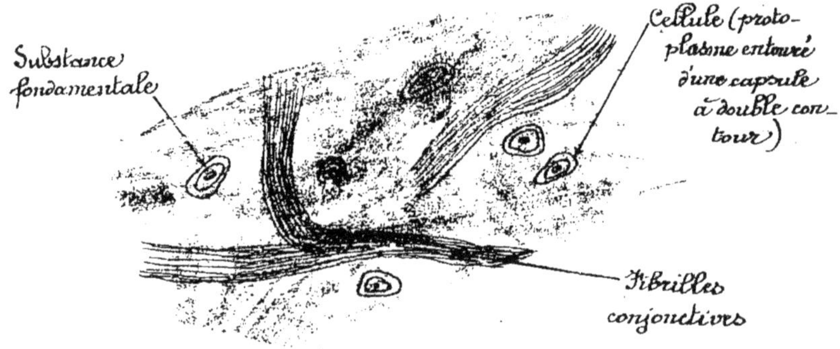

Fibro-cartilage.

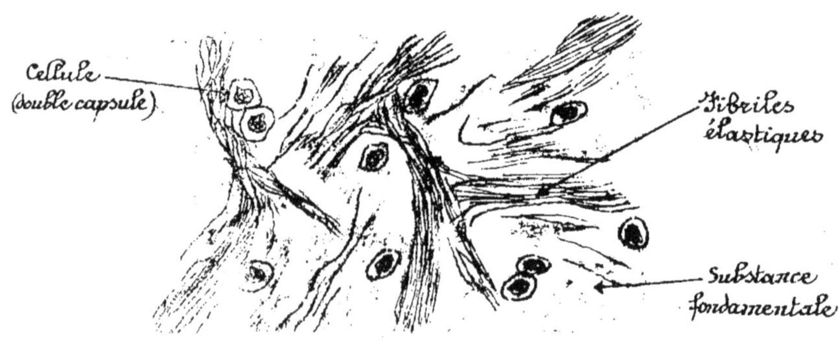

Cartilage élastique.

Tissu osseux ; compact ; spongieux

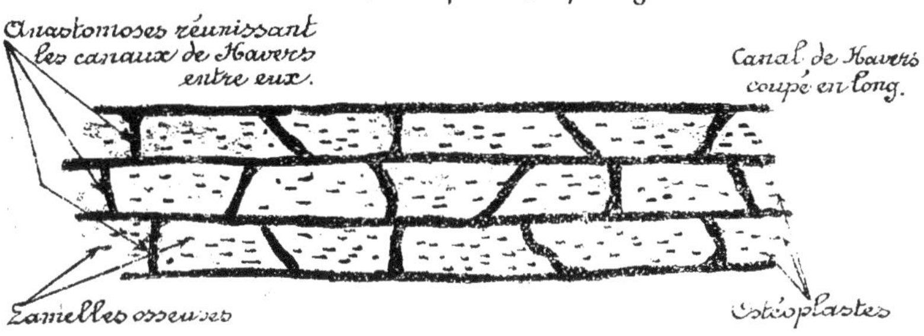

Faible grossissement

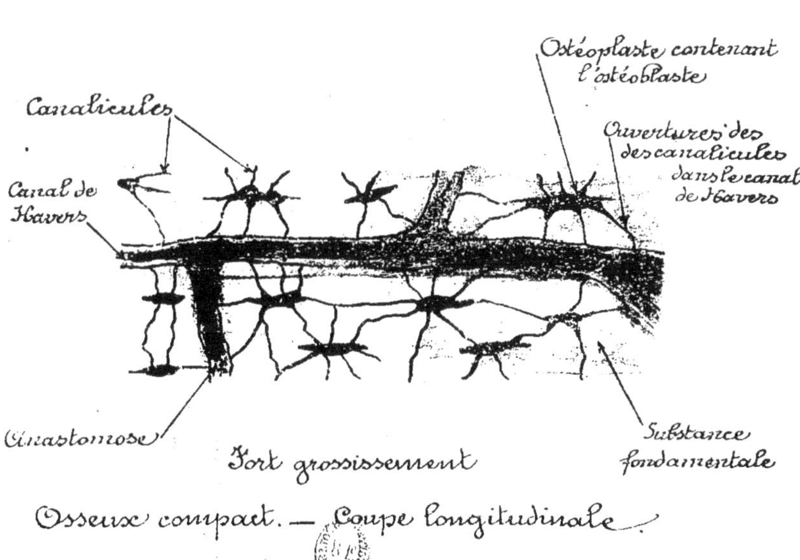

Fort grossissement

Osseux compact. — Coupe longitudinale.

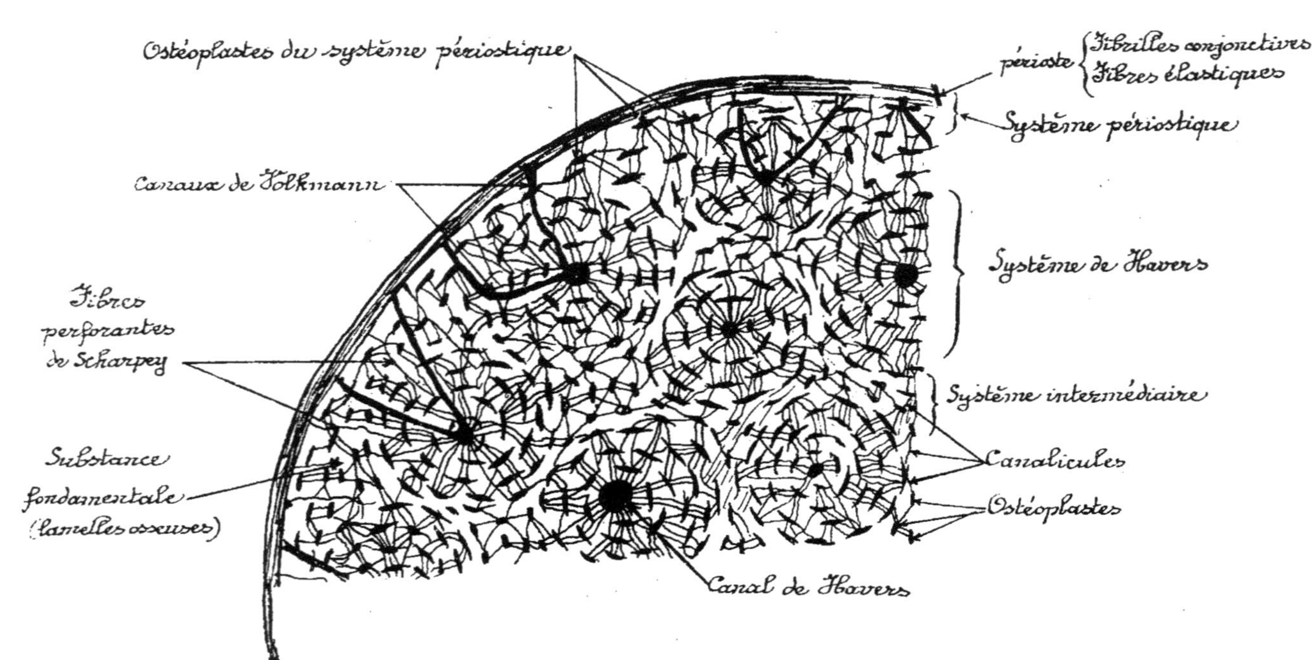

Os compact. — Coupe transversale.

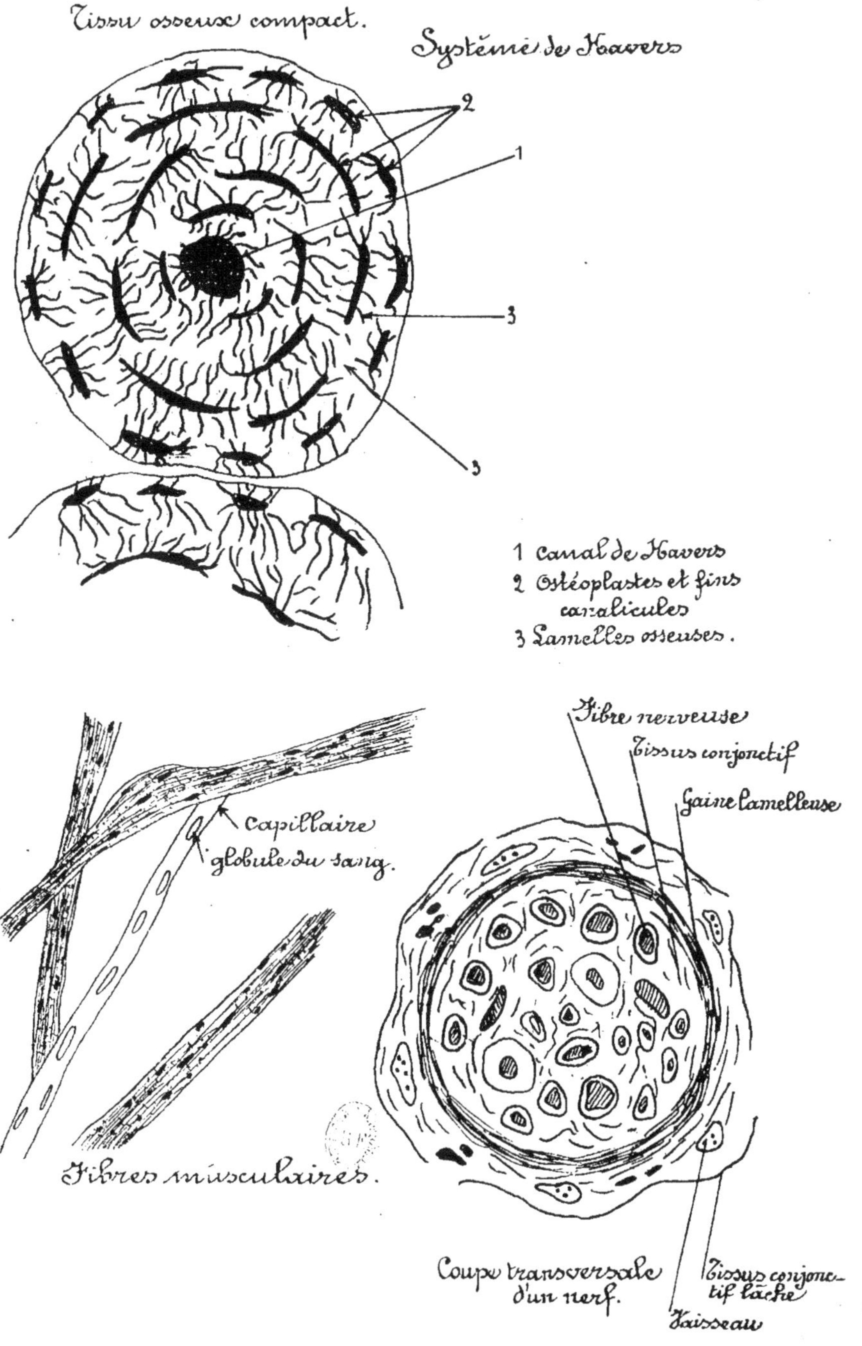

Tissu osseux compact.
Système de Havers
2
1
3
3
1 Canal de Havers
2 Ostéoplastes et fins canalicules
3 Lamelles osseuses.
capillaire
globule du sang.
Fibres musculaires.
Fibre nerveuse
Tissus conjonctif
Gaine lamelleuse
Coupe transversale d'un nerf.
Tissus conjonctif lâche
Vaisseau

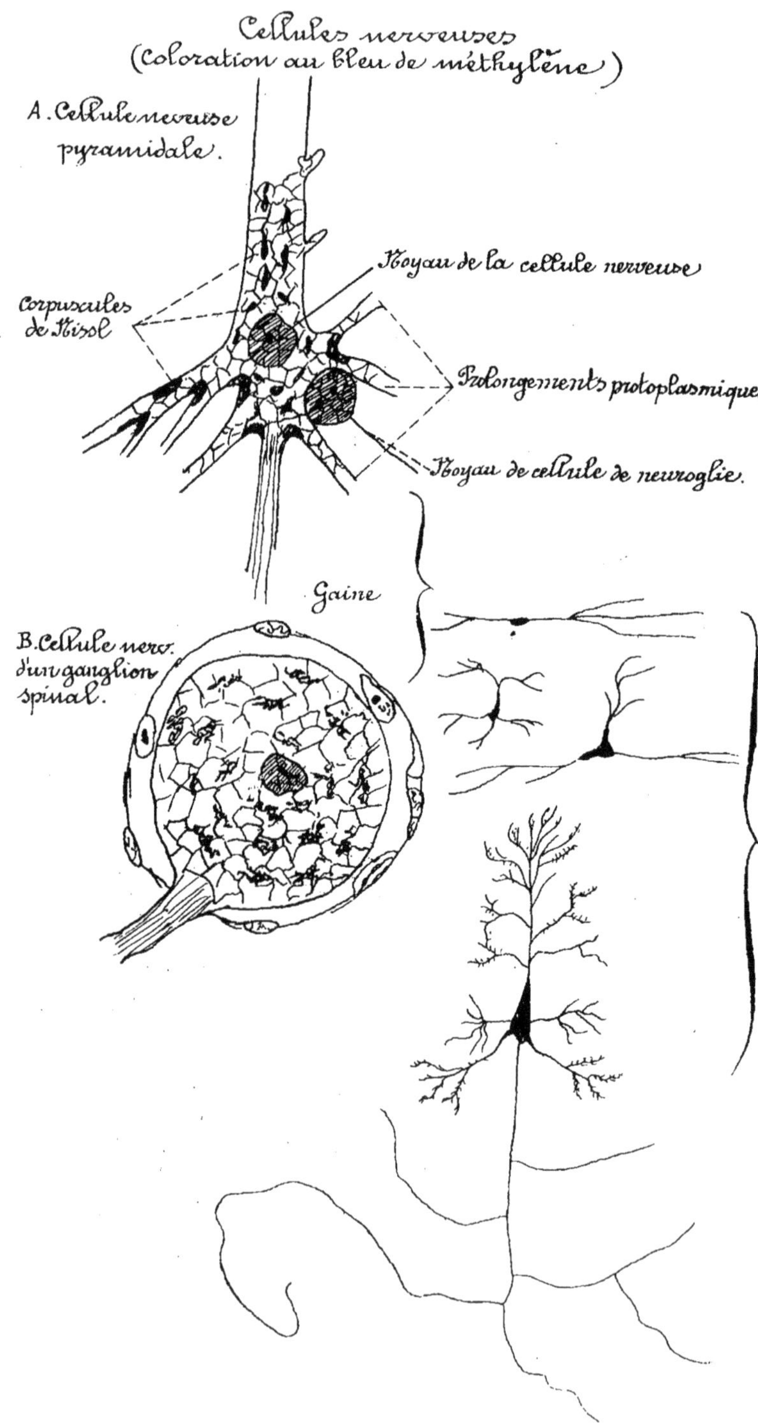
Cellules nerveuses
(Coloration au bleu de méthylène)
A. Cellule nerveuse pyramidale.
Noyau de la cellule nerveuse
Corpuscules de Nissl
Prolongements protoplasmiques
Noyau de cellule de neuroglie.
Gaine
B. Cellule nerv. d'un ganglion spinal.

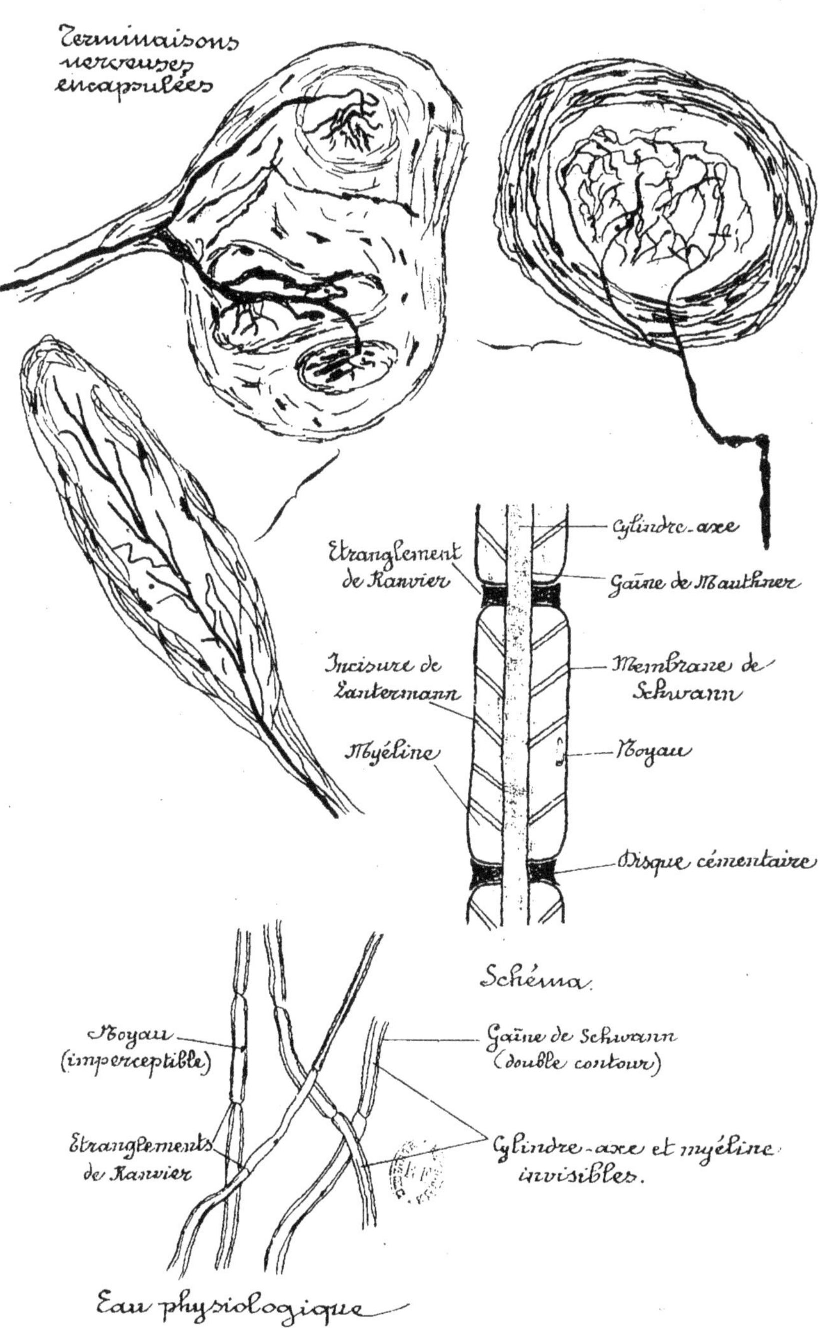

Eau physiologique

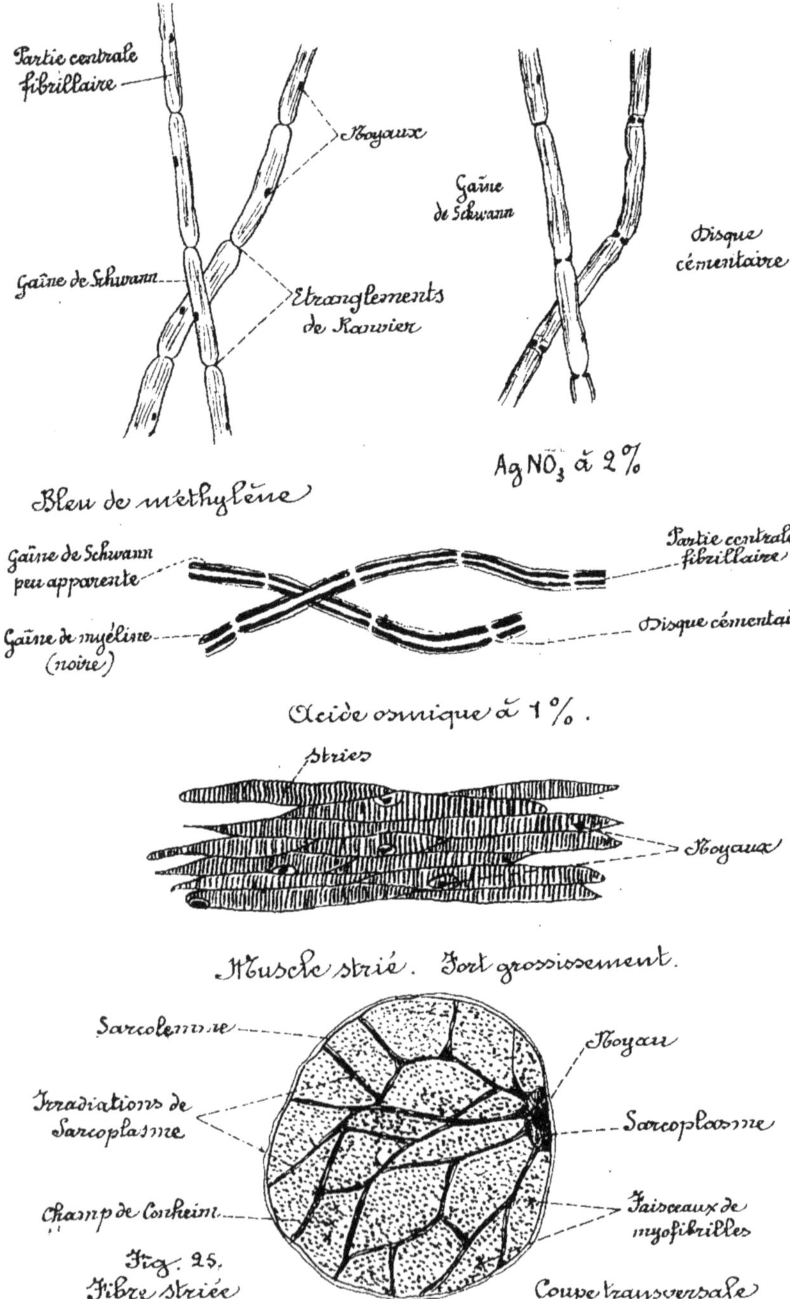

Fig. 25.
Fibre striée

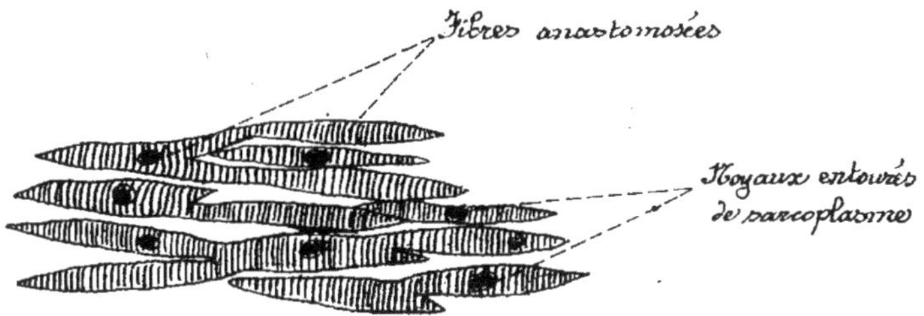

Fibre cardiaque. Coupe longitudinale.

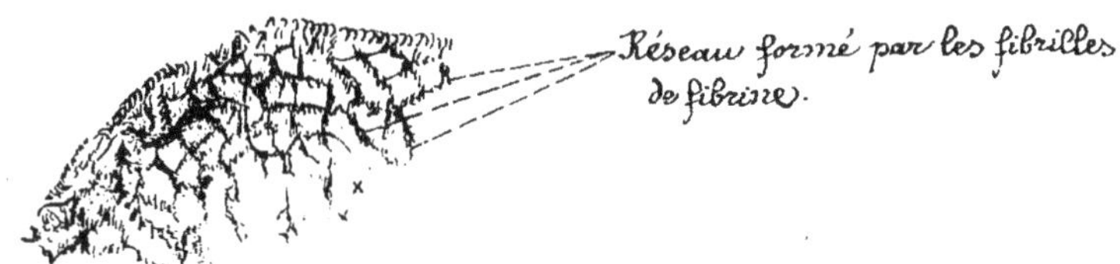

Coagulation. Faible grossissement.

Globules rouges (Erythrocytes)

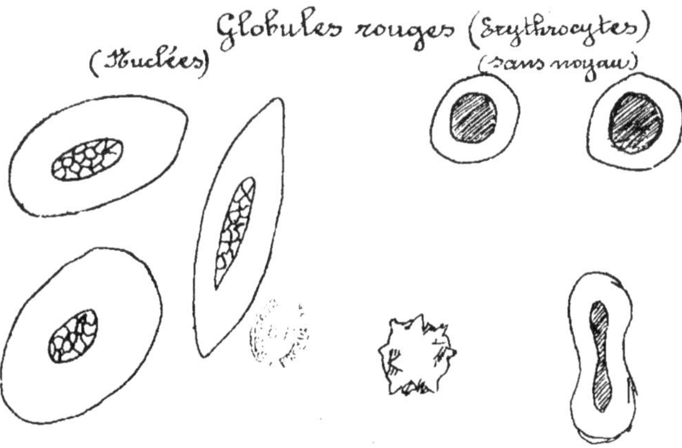

Globules blancs

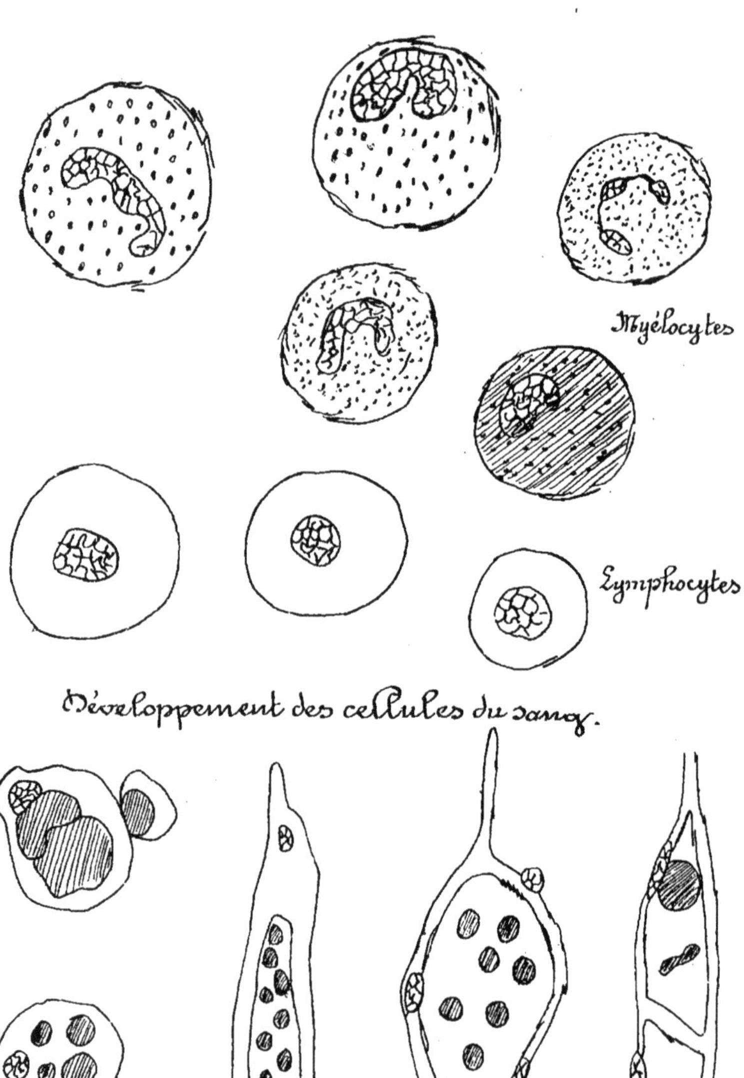

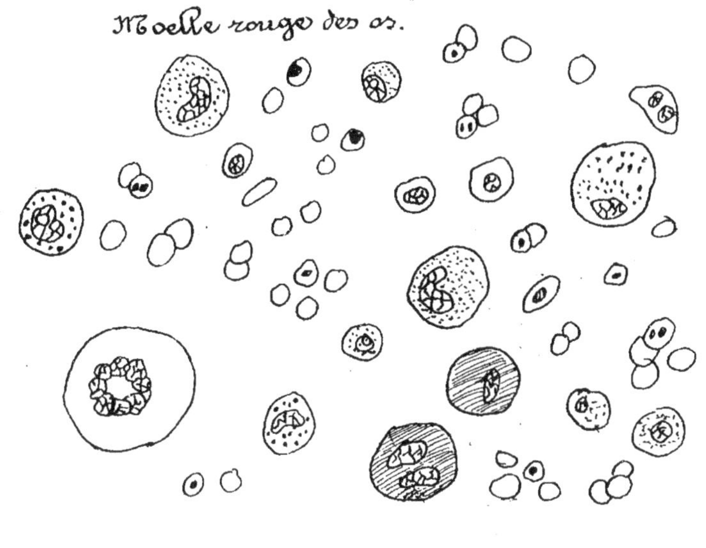
Moelle rouge des os.

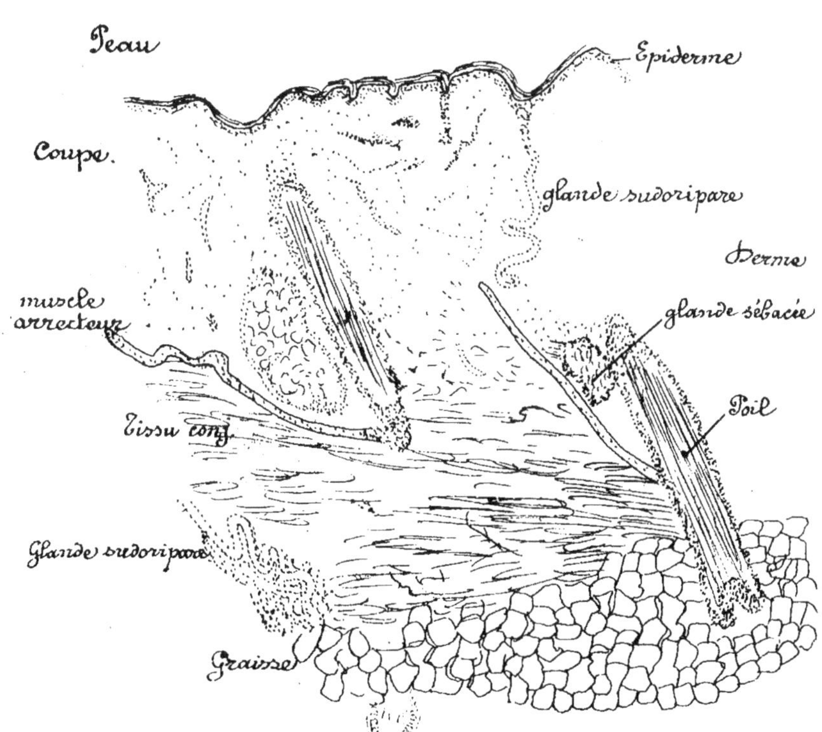
Peau
Coupe.
Epiderme
glande sudoripare
Derme
muscle arrecteur
glande sébacée
Poil
Tissu conj.
Glande sudoripare
Graisse

c. disjonctive
c. Cornée
Schéma
c. lucide vraie
c. intermédiaire
Epiderme
c. granuleuse
c. filamenteuse
couche germinative
Derme
Epiderme
Derme

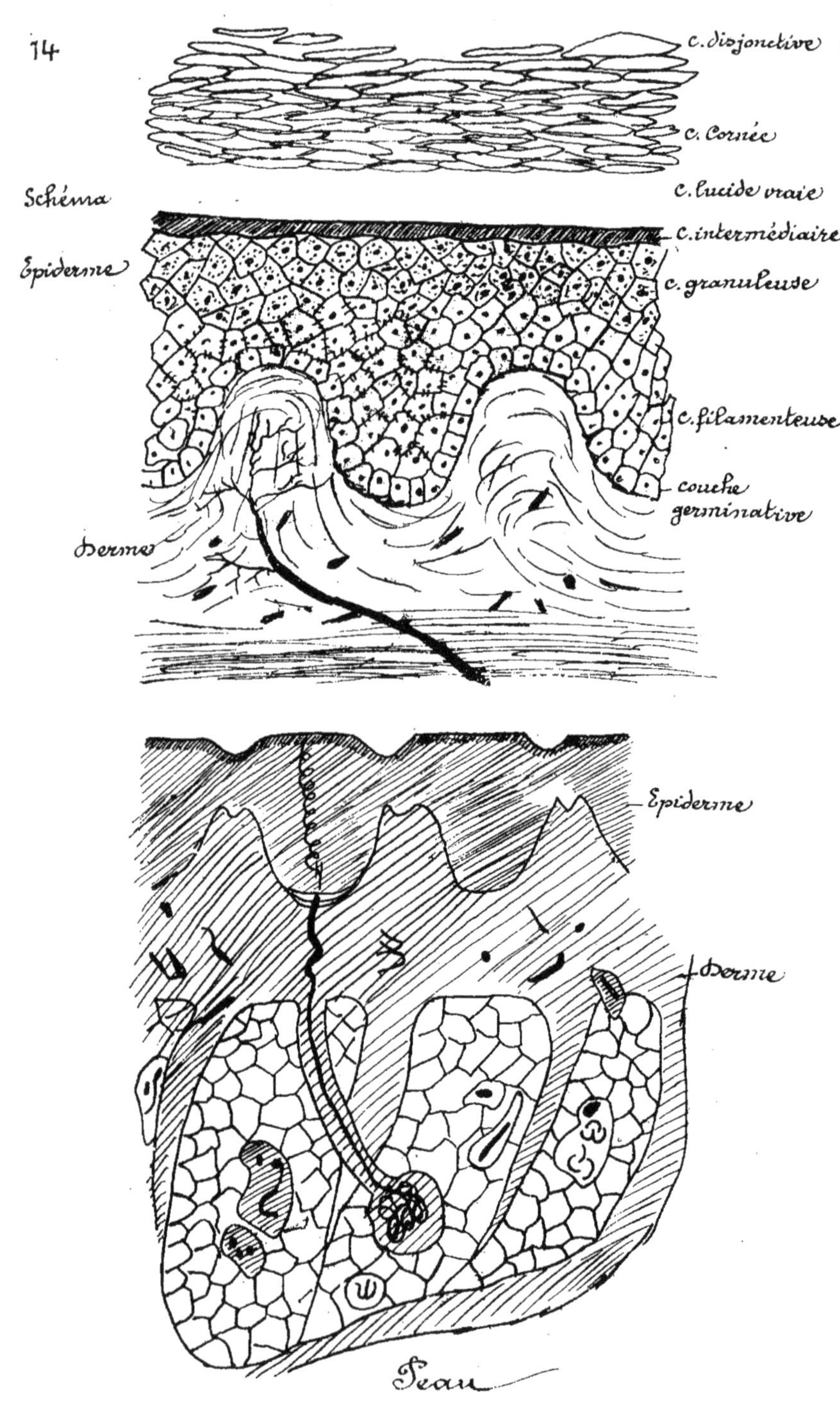

Peau

Langue

Papilles filiformes.

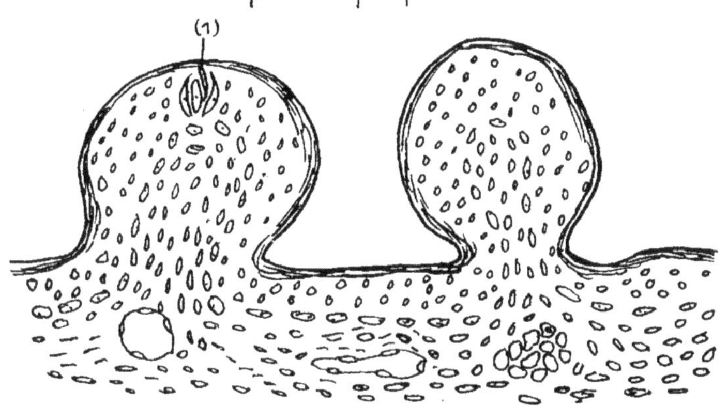

Papilles fongiformes (bourgeon gustatif).[1]

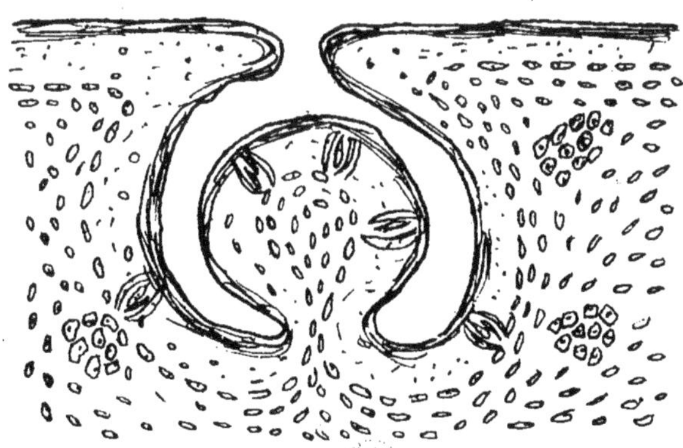

Papille caliciforme.

Amygdale

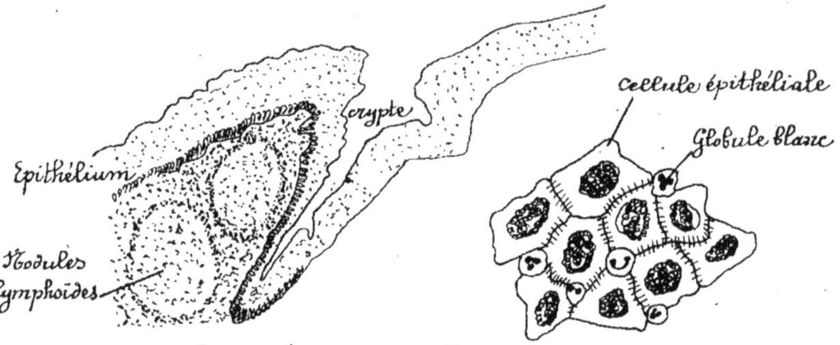

Coupes transversales de poils

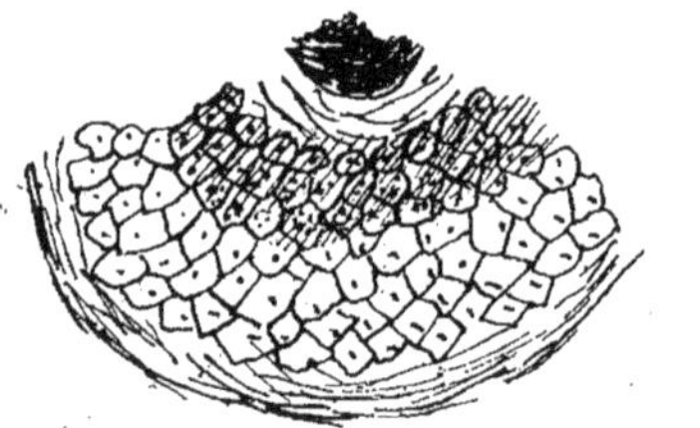

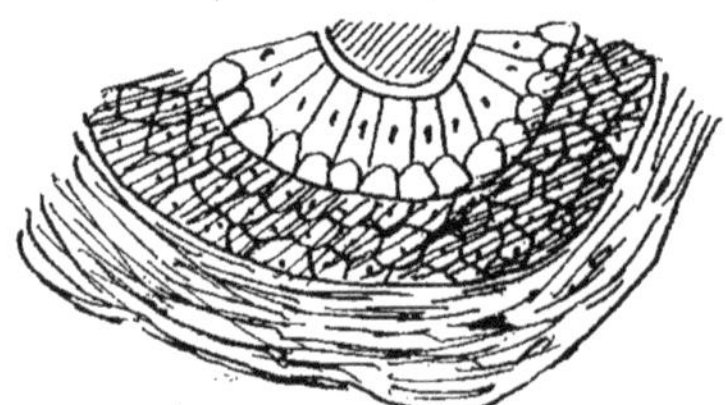

C. longitudinale
(Schématique)

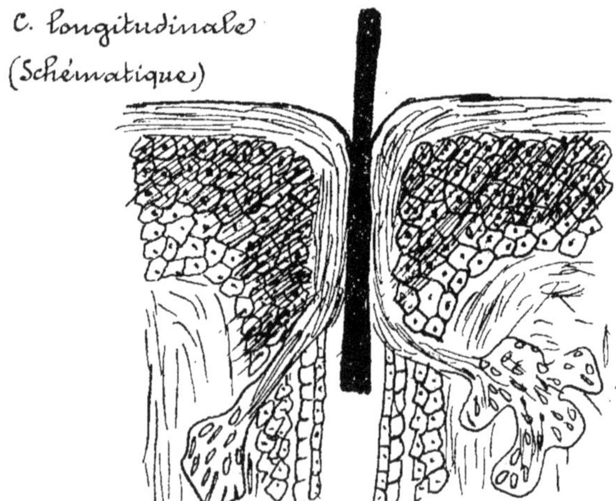

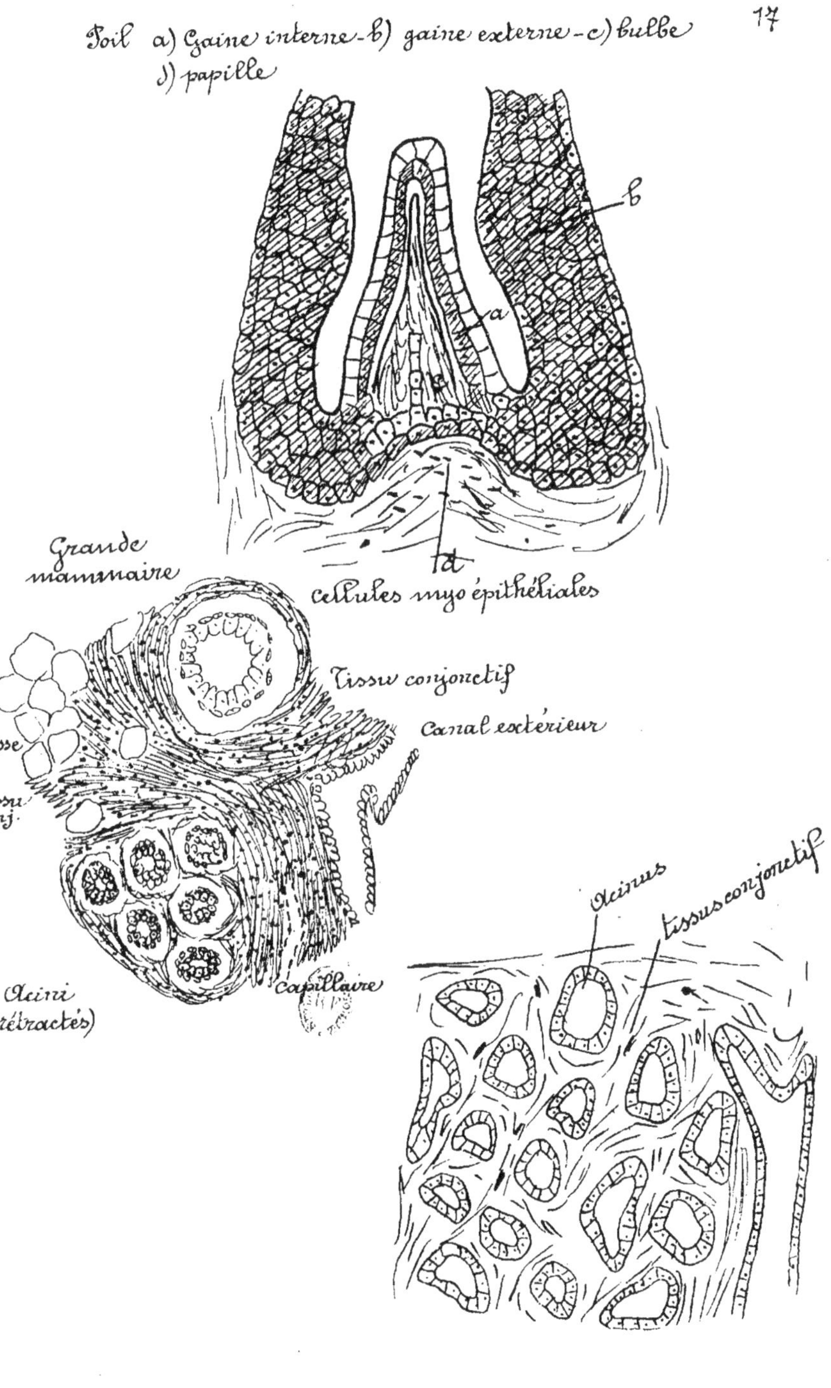
Poil a) Gaine interne - b) gaine externe - c) bulbe
d) papille
b
a
d
cellules myo épithéliales
Grande mammaire
Tissu conjonctif
Canal extérieur
Graisse
Tissu conj.
Acini (rétractés)
capillaire
Acinus
tissus conjonctif

Glande sous maxillaire

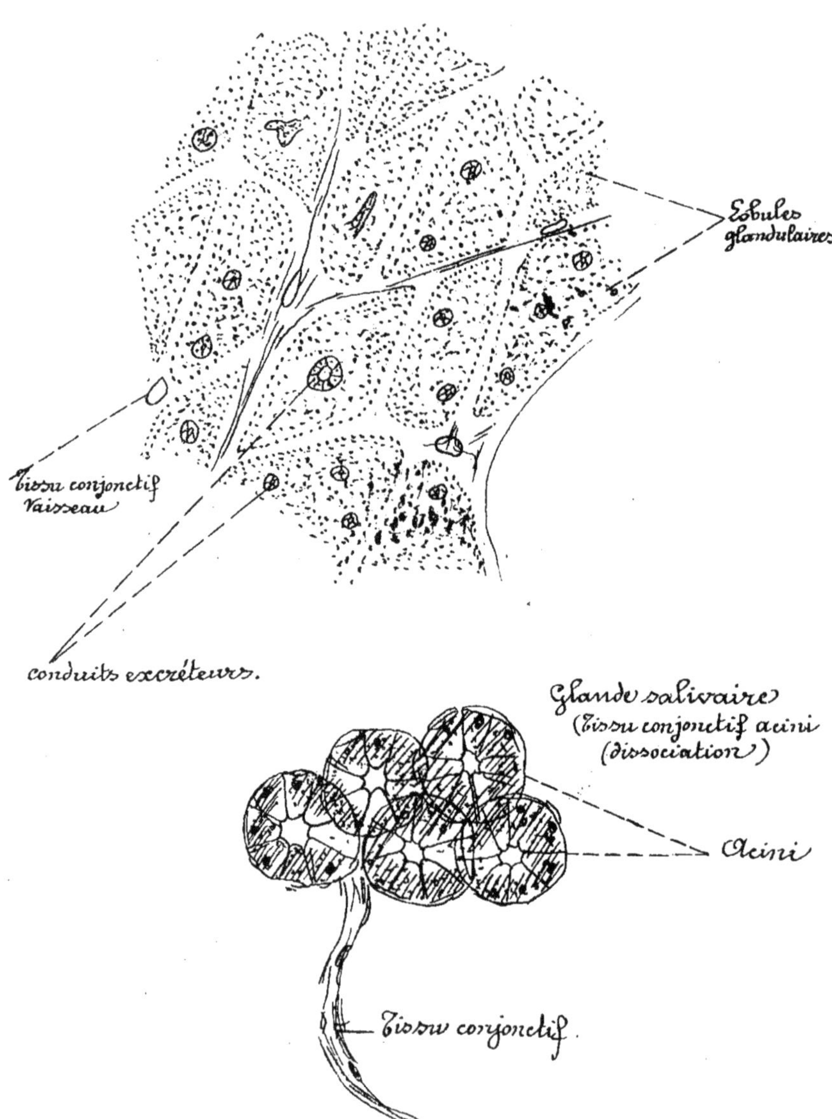

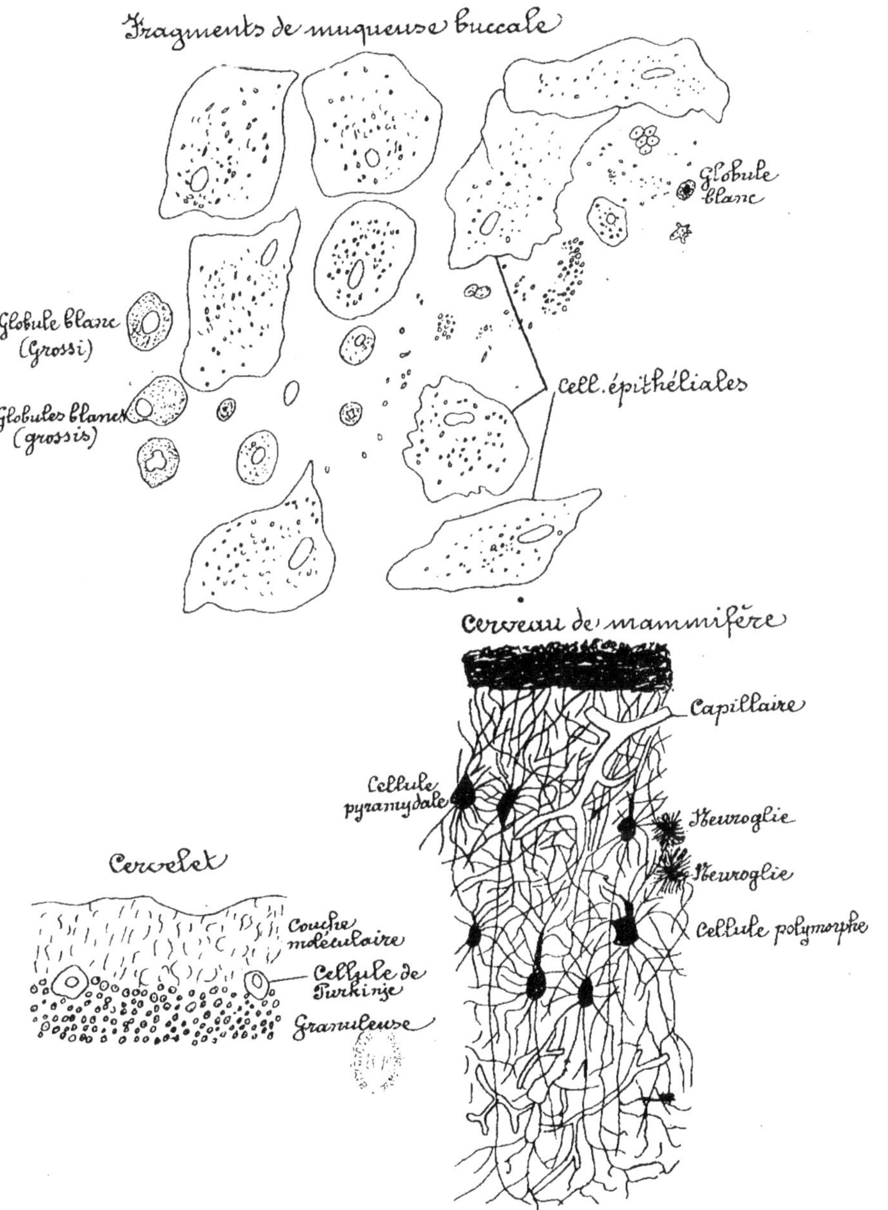
Fragments de muqueuse buccale
Globule blanc
Globule blanc (Grossi)
Globules blancs (grossis)
Cell. épithéliales
Cerveau de mammifère
Capillaire
Cellule pyramydale
Neuroglie
Neuroglie
Cellule polymorphe
Cervelet
Couche moléculaire
Cellule de Purkinje
Granuleuse

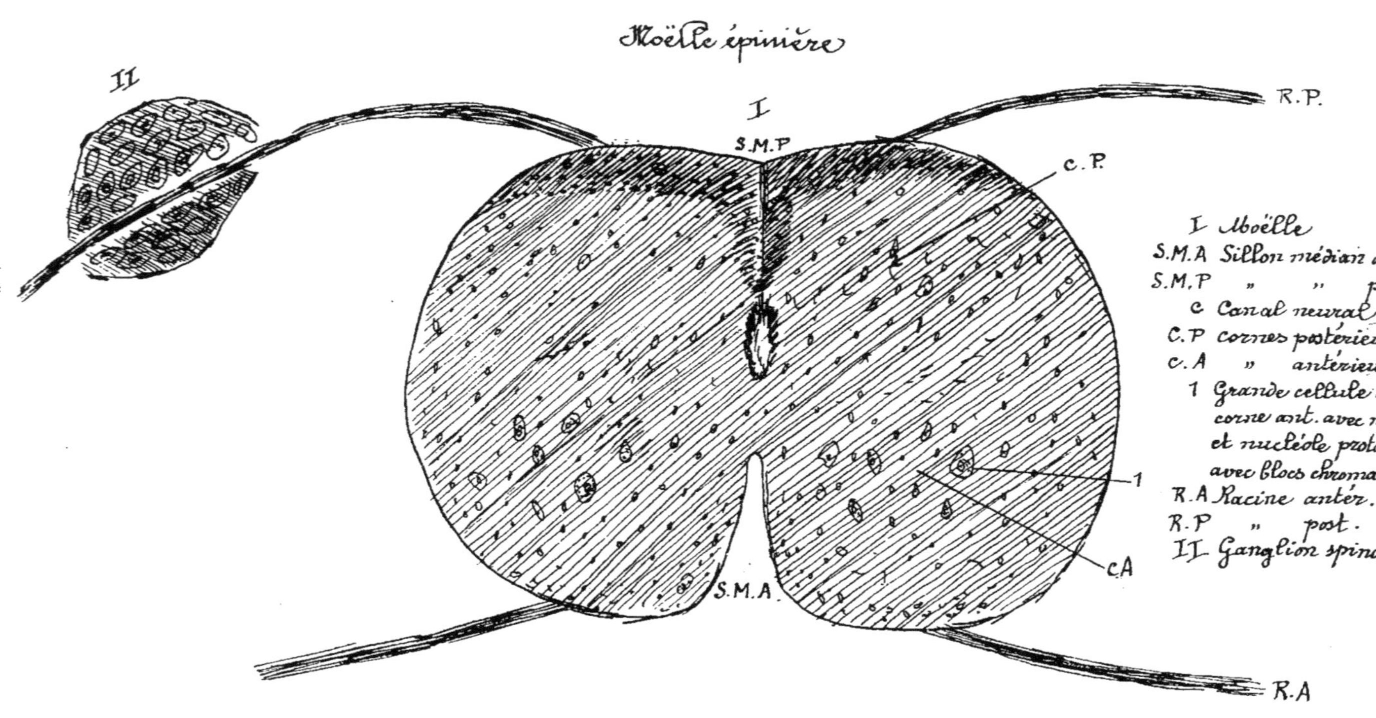
Moëlle épinière
II
I
S.M.P
C.P.
S.M.A.
C.A
1
R.P.
R.A
I Moëlle
S.M.A Sillon médian ant.
S.M.P " " post.
c Canal neural
C.P cornes postérieures
C.A " antérieures
1 Grande cellule de la corne ant. avec noyau et nucléole protopl. avec blocs chromatiques
R.A Racine antér.
R.P " post.
II Ganglion spinal

Moëlle épinière (Nissl).

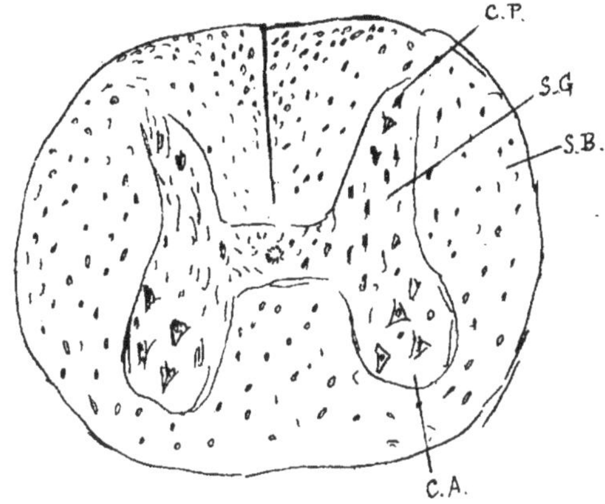

C.P. Corne postér.
C.A. „ antér.
S.B. Subst. blanche
S.G. „ grise.

Paupière (glandes de Meibonius).

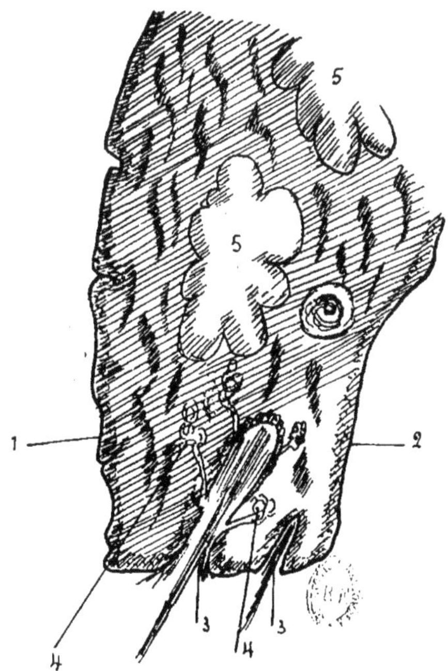

1 Epiderme
2 Epithélium conjonctival
3 Poil
4 Glandes sébacées
5 Glandes de Meibonius

Oeil

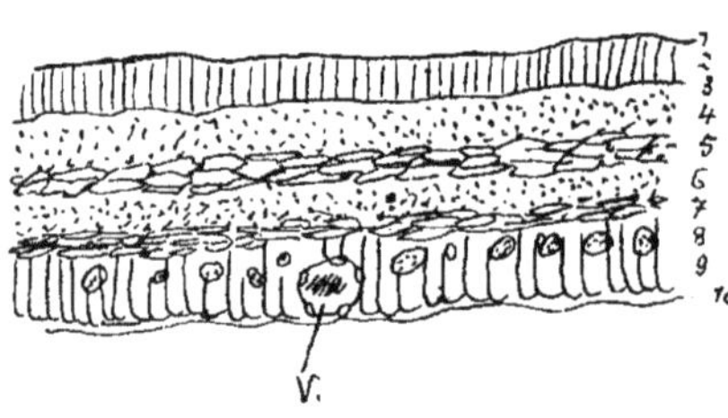

Rétine

Couches:

1 pigmentée
2 cônes et bâtonnets
3 limitante extérieure
4 granuleuse extérieure
5 plexiforme extérieure
6 granuleuse intérieure
7 plexiforme intérieure
8 grande cell. glangl.
9 fibres nerveuses
10 limitantes intérieures
V vaisseau sanguin.

Nerf optique (coupe transversale)

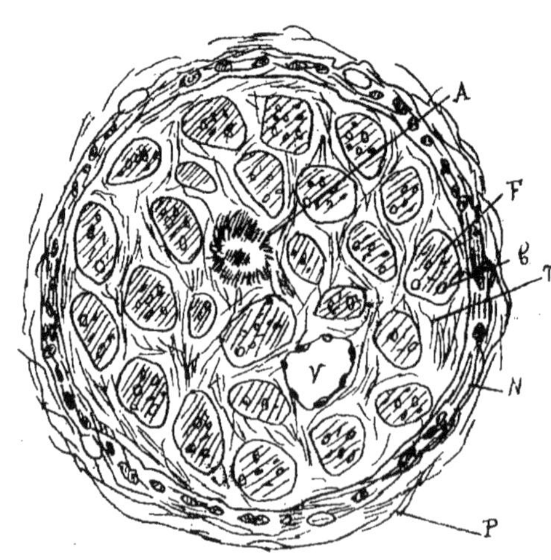

A artère
V veine
F fibre nerveuse
b cellule de neuroglie
T travée de tissu conjonctif
N névroglie
P pie-mère

Oeil

Sclérotique - cornée
Choroïde - iris - avec uvée

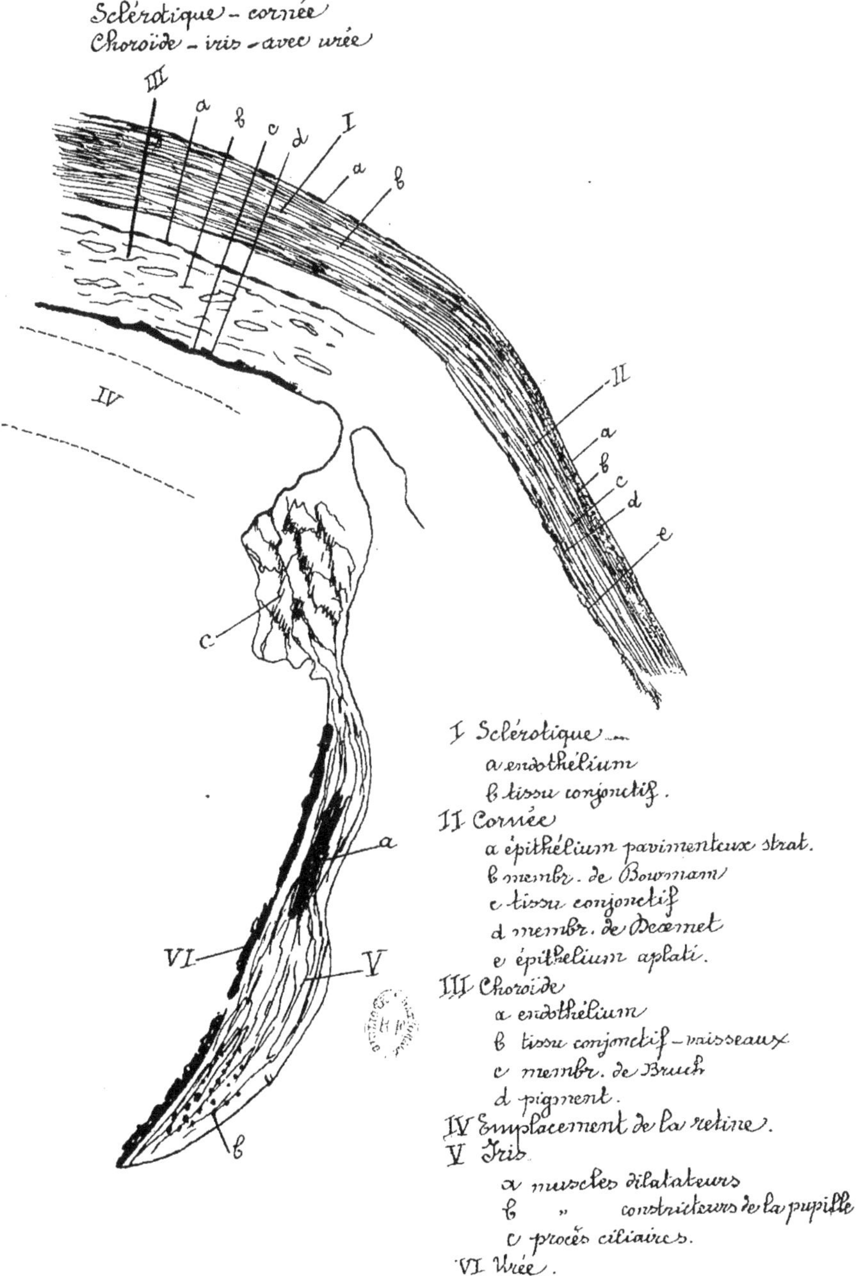

I Sclérotique ...
a endothélium
b tissu conjonctif.

II Cornée
a épithélium pavimenteux strat.
b membr. de Bowman
c tissu conjonctif
d membr. de Descemet
e épithélium aplati.

III Choroïde
a endothélium
b tissu conjonctif - vaisseaux
c membr. de Bruch
d pigment.

IV Emplacement de la retine.

V Iris
a muscles dilatateurs
b " constricteurs de la pupille
c procès ciliaires.

VI Uvée.

Dents

Dent de cobaye (état frais)

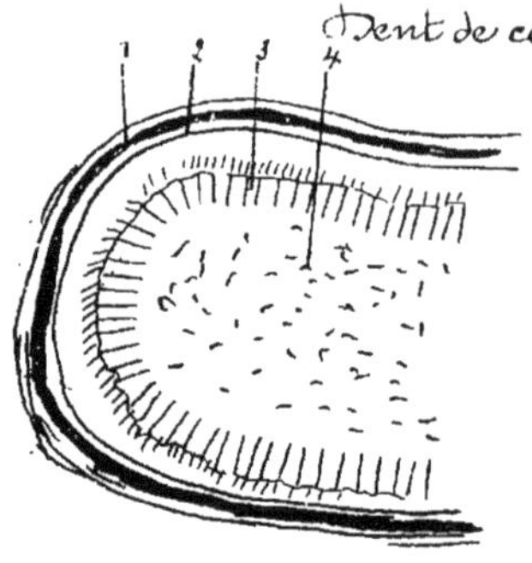

1 émail
2 ivoire
3 membrane de l'ivoire
4 pulpe dentaire (tissu conjonctif ayant encore des caractères muqueux)

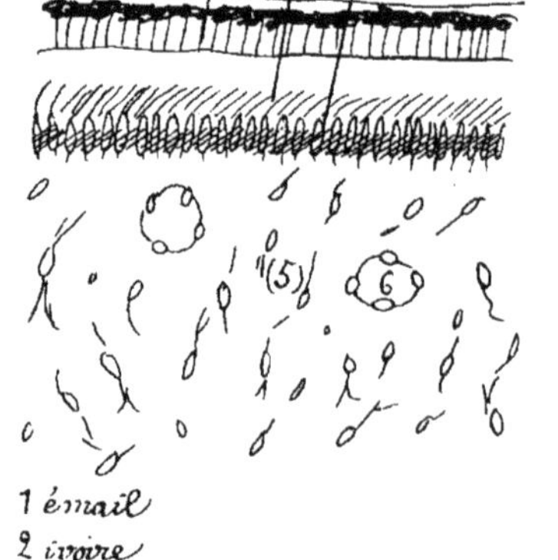

1 émail
2 ivoire
3 prolongements des odontoblastes
4 odontoblastes de la membr. de l'ivoire
5 pulpe
6 vaisseau

Oesophage

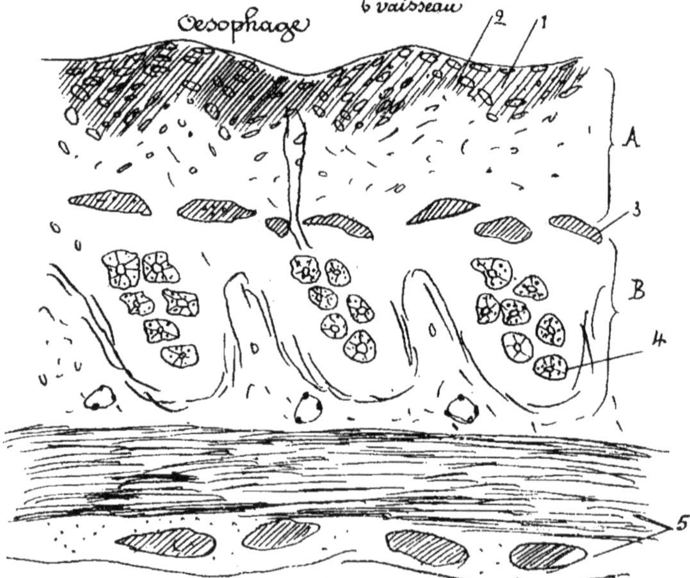

A Muqueuse
B Sous-muqueuse

1 épithélium pavimenteux stratifié
2 papilles de tissu conjonctif
3 musculaire de la muqueuse
4 Glandes
5 Muscles.

Œsophage

Coupe de l'œsophage de la grenouille

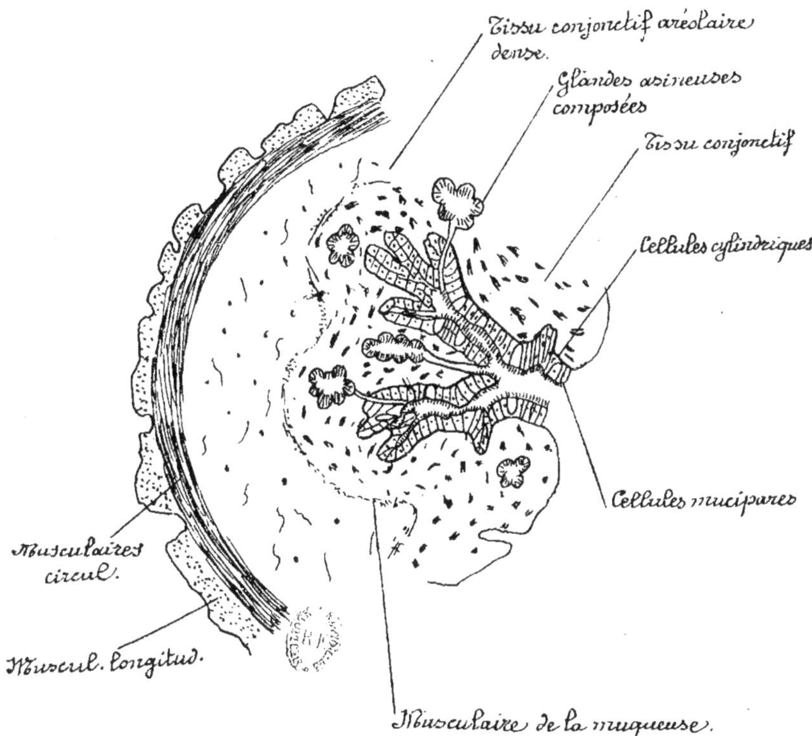

Estomac de grenouille

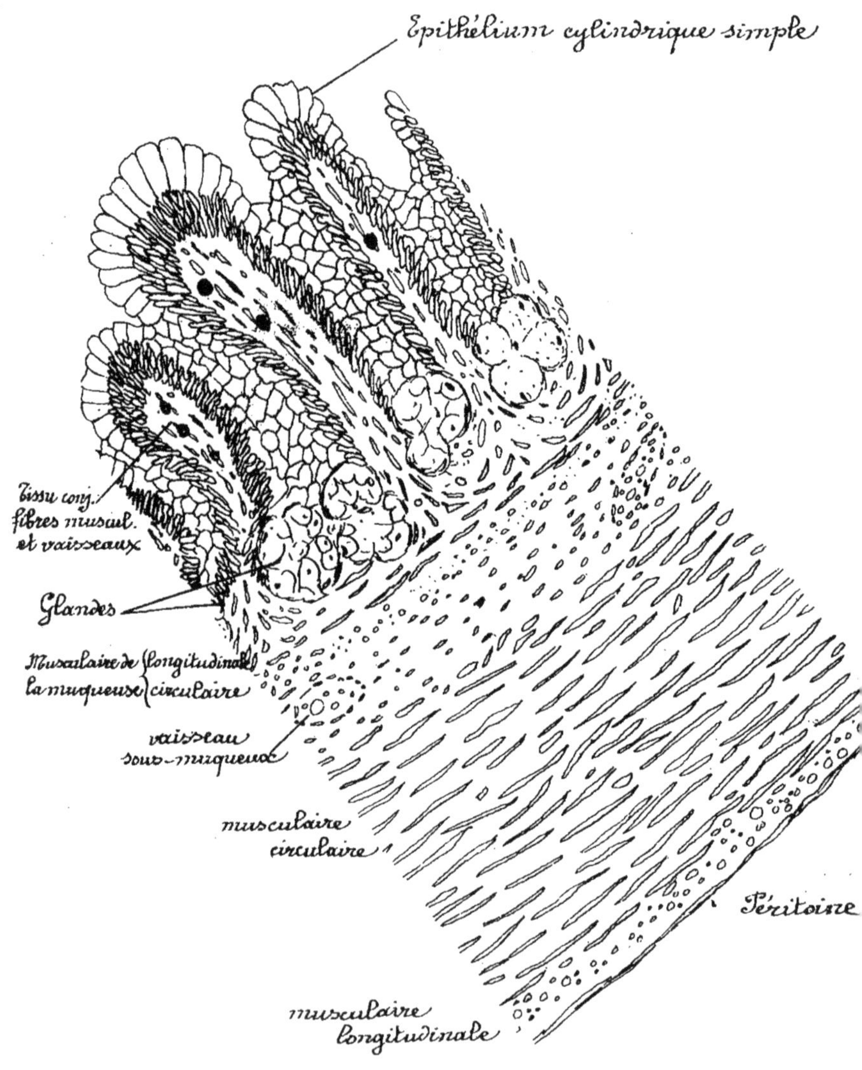

Coupe au niveau de l'œsophage et du cardia (Schéma)

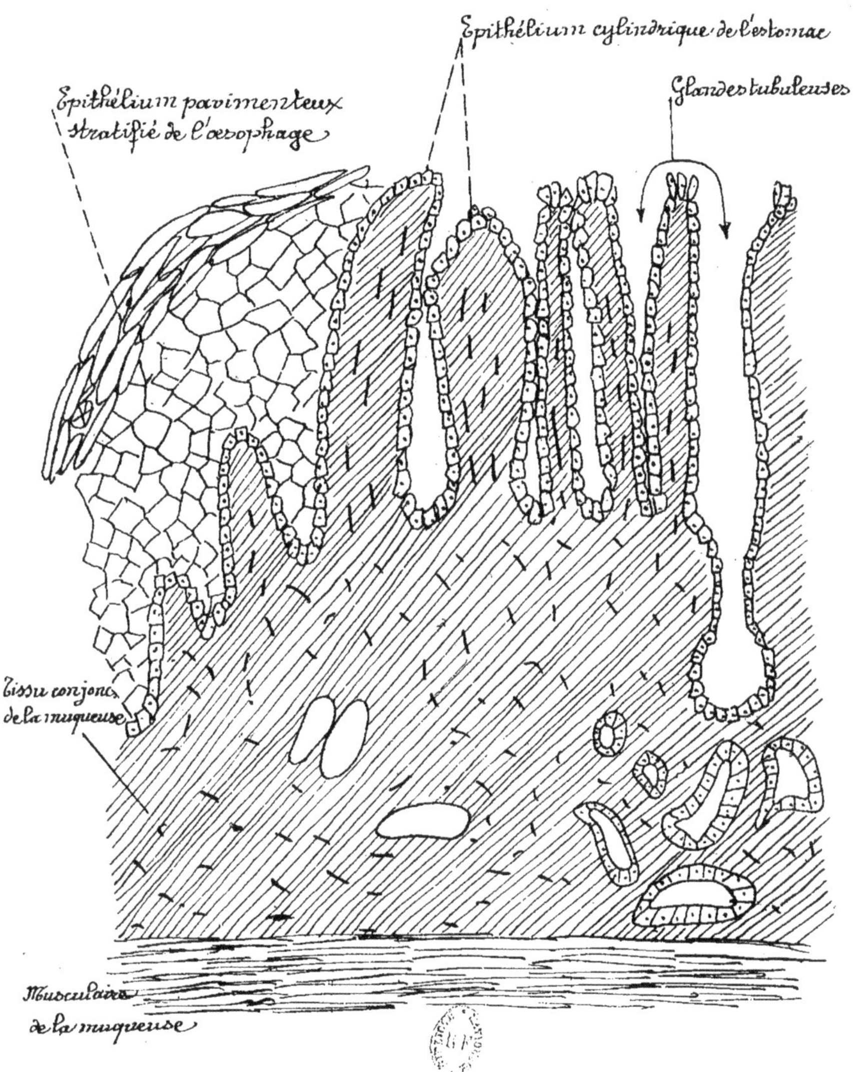

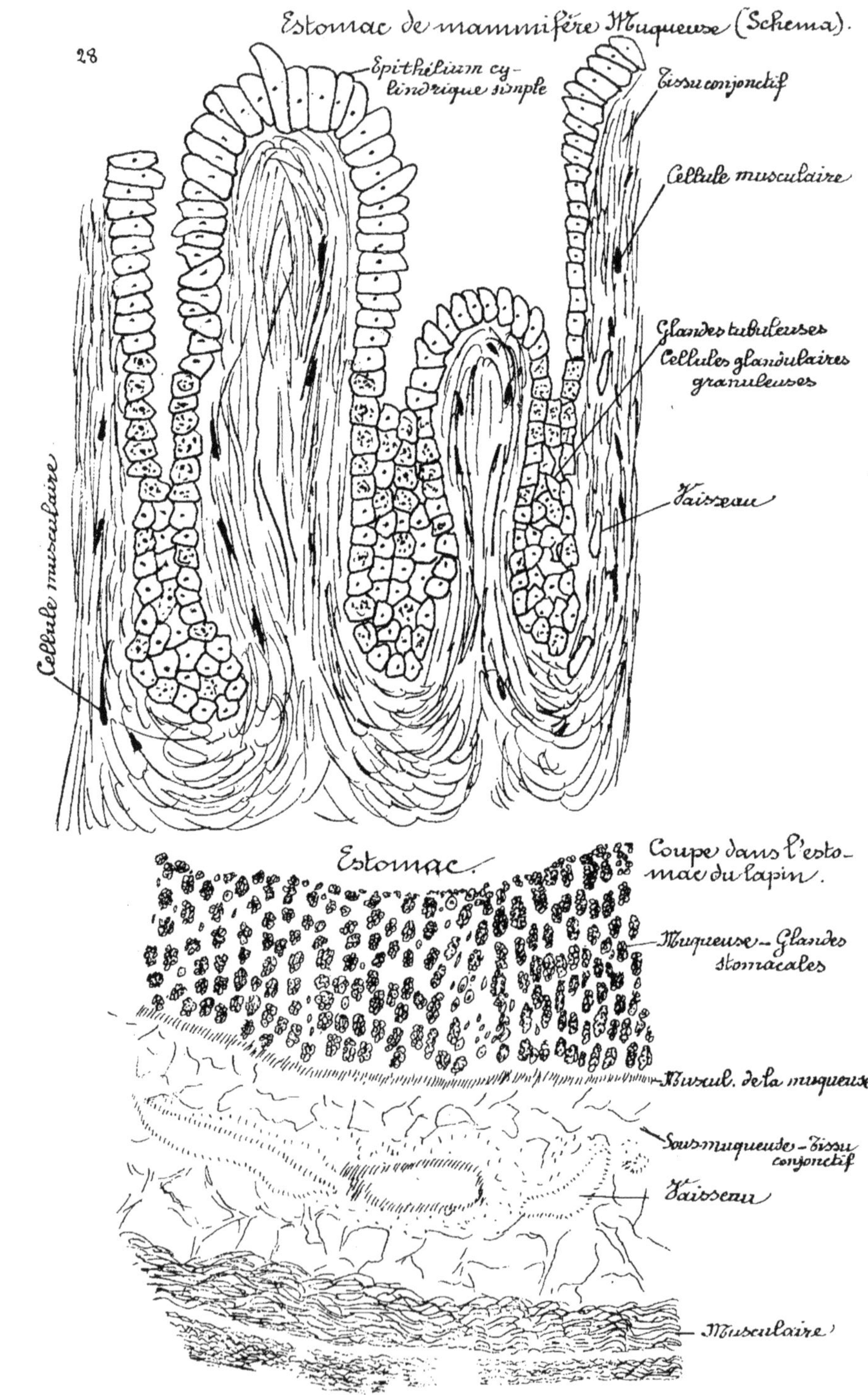

Estomac de mammifère Muqueuse (Schema).
Epithélium cy-
lindrique simple
Tissu conjonctif
Cellule musculaire
Glandes tubuleuses
Cellules glandulaires
granuleuses
Vaisseau
Cellule musculaire
Estomac.
Coupe dans l'esto-
mac du lapin.
Muqueuse - Glandes
stomacales
Muscul. de la muqueuse
Sousmuqueuse - Tissu
conjonctif
Vaisseau
Musculaire

Foie
(Lobules hépatiques)

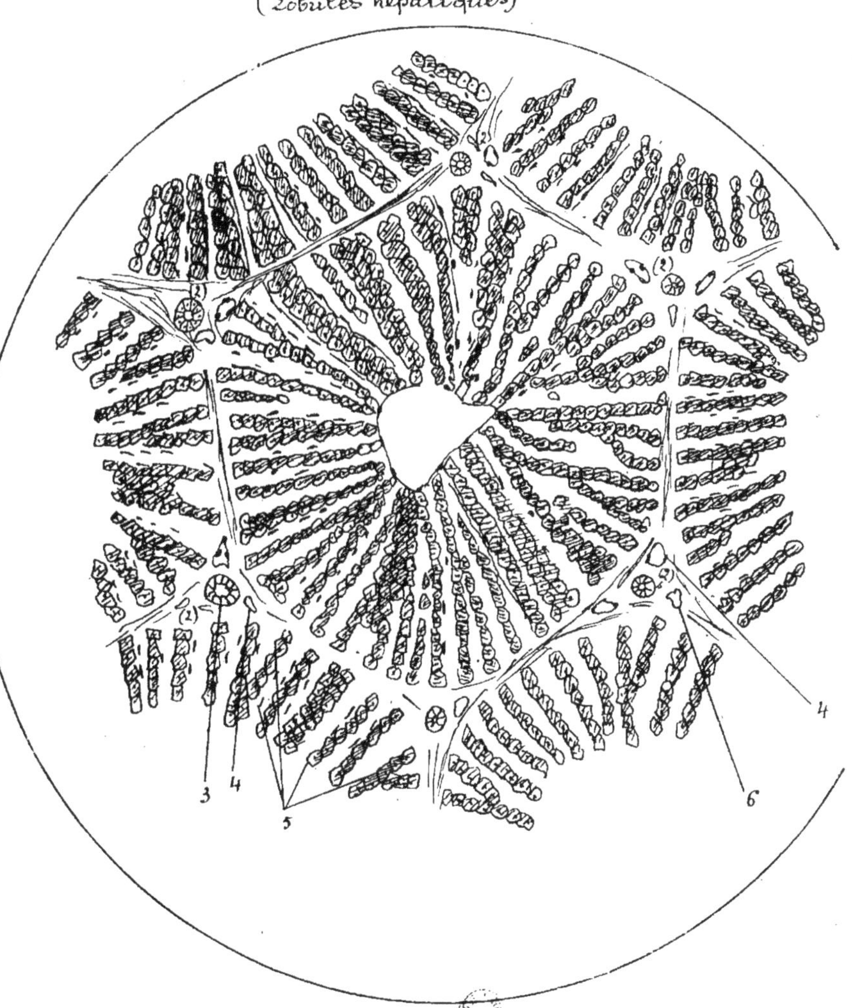

1 Veine intralobulaire
2 Espaces interlobulaires ou espace porte
3 Canal excréteur
4 Veine porte
5 Noyau des cellules endothéliales de la paroi de capillaires
6 Artère hépatique.

Espace-porte

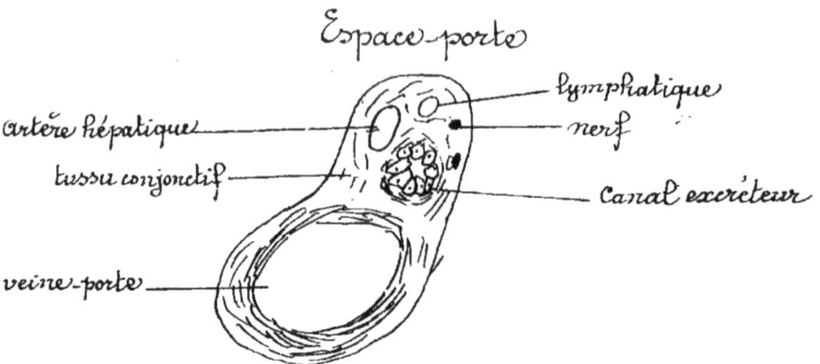

Schéma. Structure du foie.

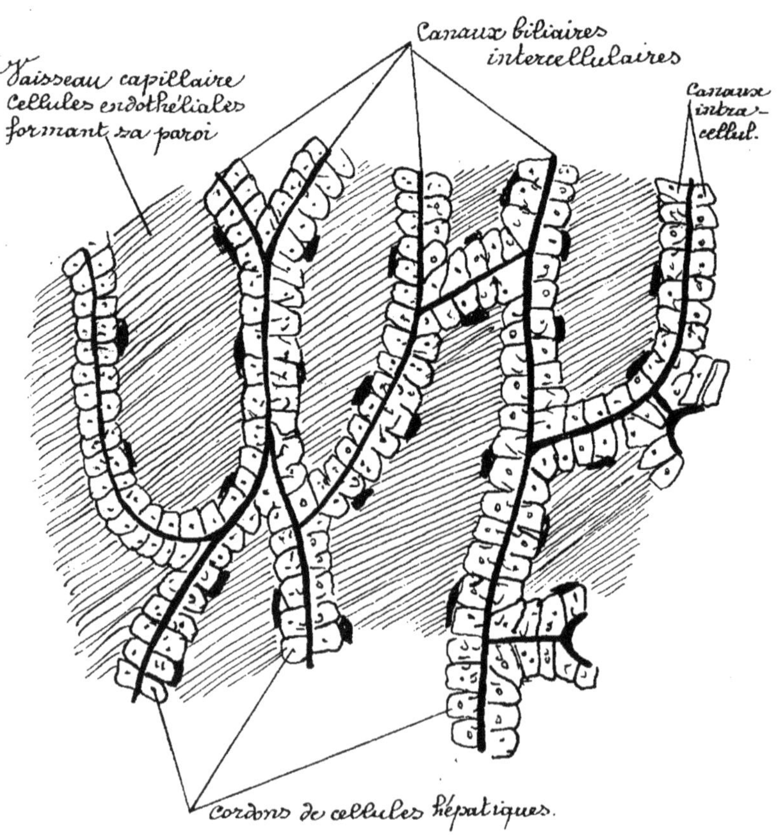

Pancreas (Schema)

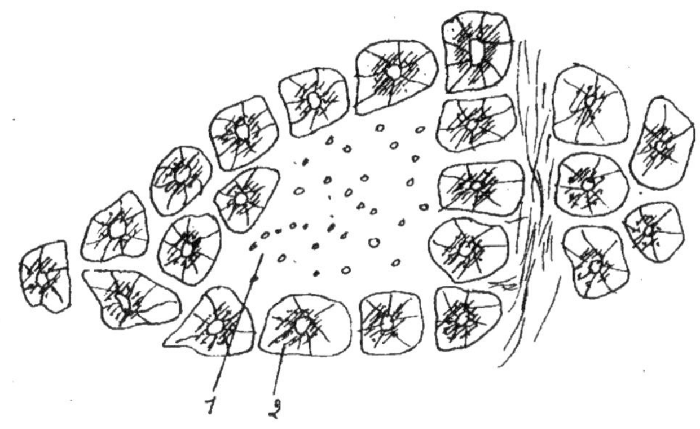

1 Ilôt de Langerhans
2 Acini

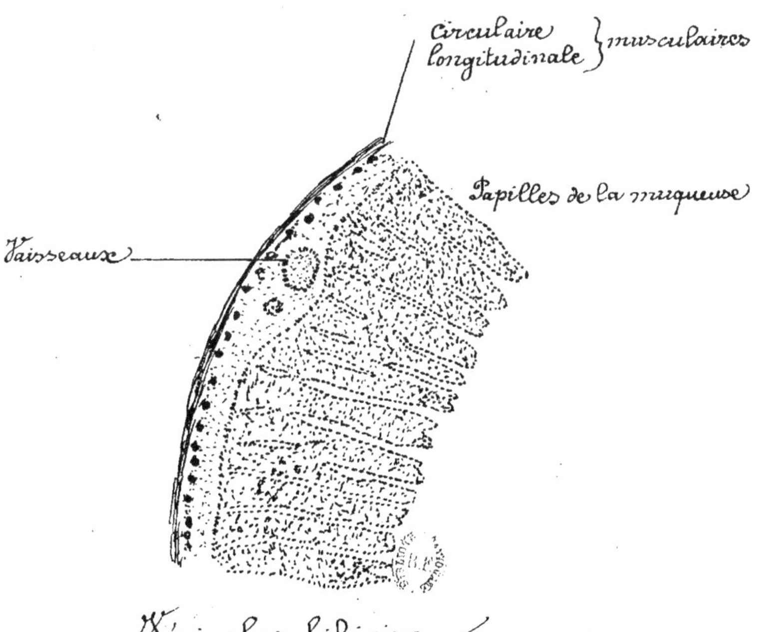

Vésicule biliaire

Intestin grêle
du rat.

Coupe dans l'intestin
humain (duodénum)

Intestin. Coupe transversale

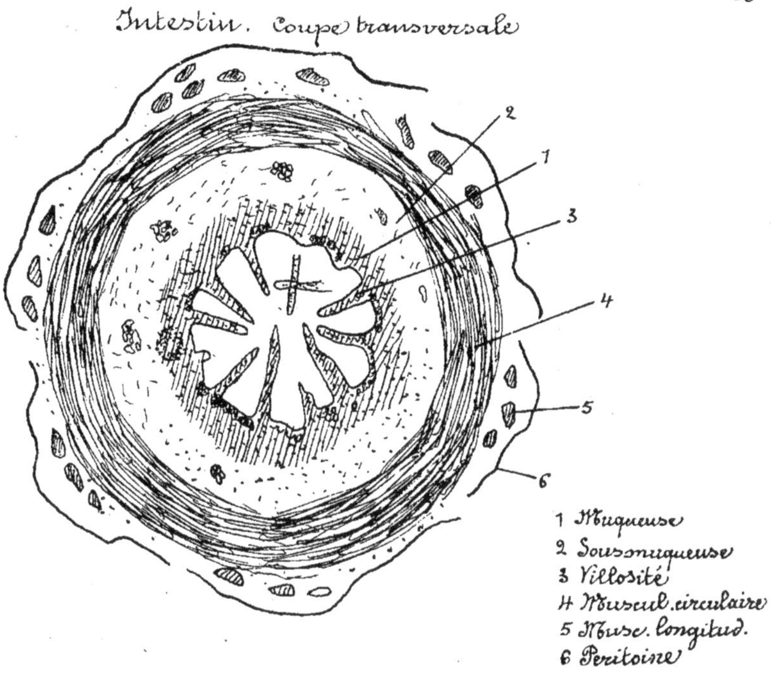

Circulation de l'intestin (avec partie détachée du mésentère).

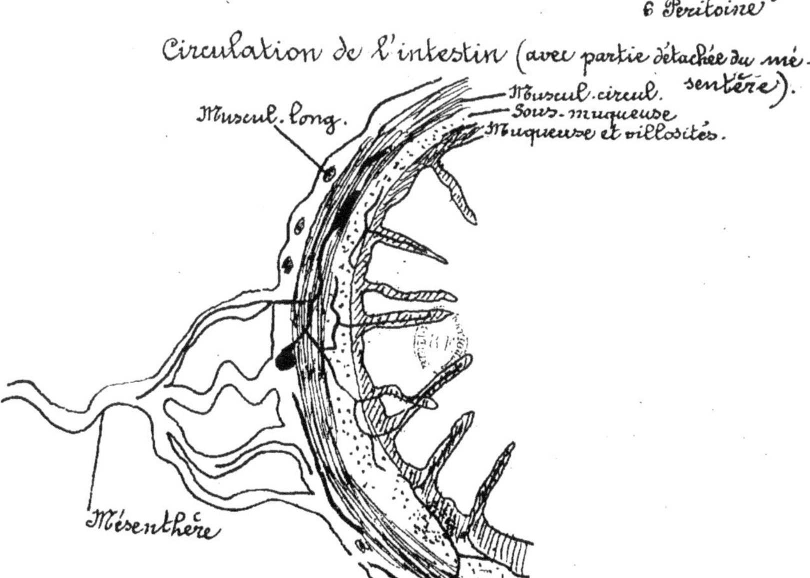

Structure des villosités intestinales

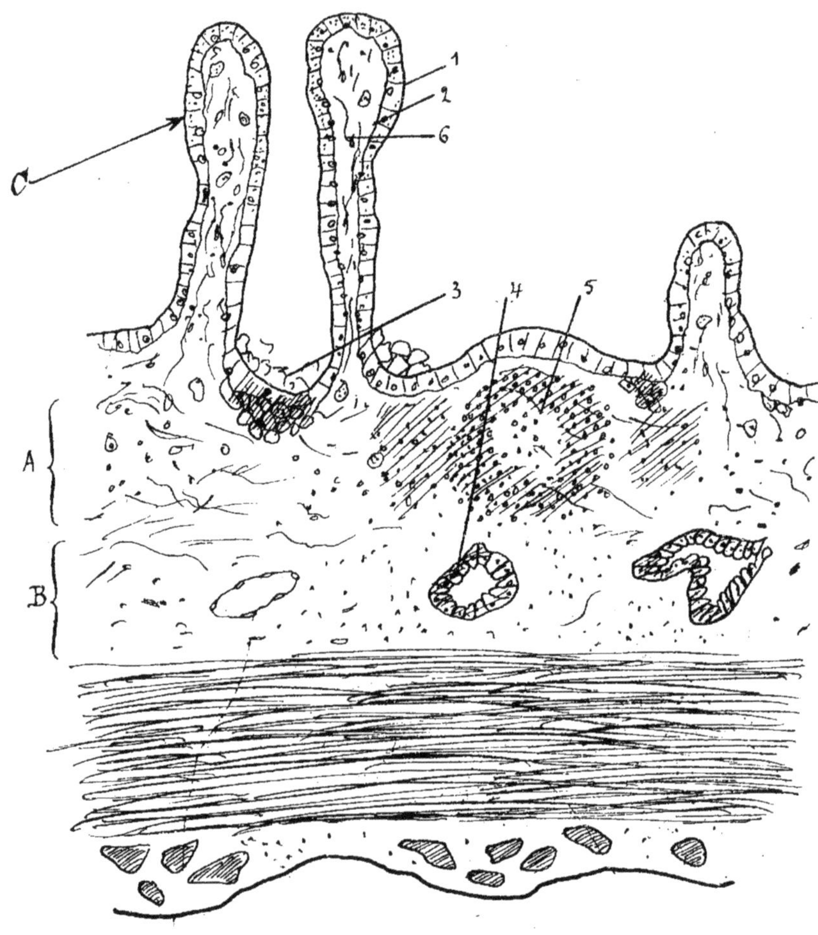

A Muqueuse
B Sous-muqueuse
C Villosité
1 Cuticule
2 Vasale
3 Glande de Lieberkühn
4 " de Brünner
5 Nodule lymphoïde
6 Tissu lymphoïde recouvert par l'épithélium intestinal

Péritoine
(partie conjonctivale)

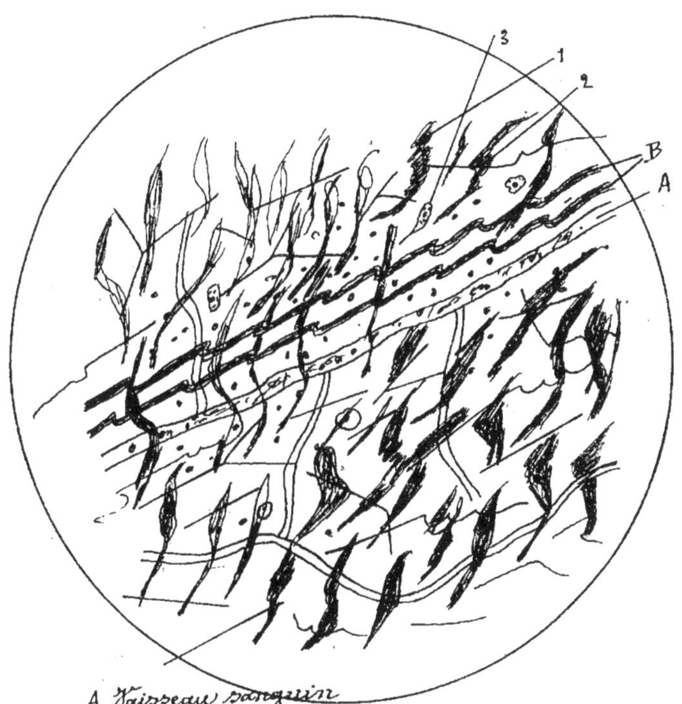

A Vaisseau sanguin
B Nerf
1 Fibre conjonctive pâle
2 " élastique
3 Cellule conjonctivale.

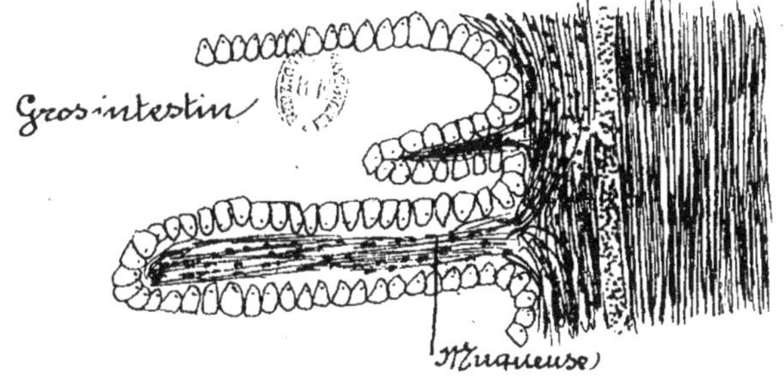

36 Coupe de l'appendice vermiculaire de l'homme adulte

La muqueuse a disparu ; l'appendice ne forme plus qu'un cordon de tissu conjonctif et musculaire

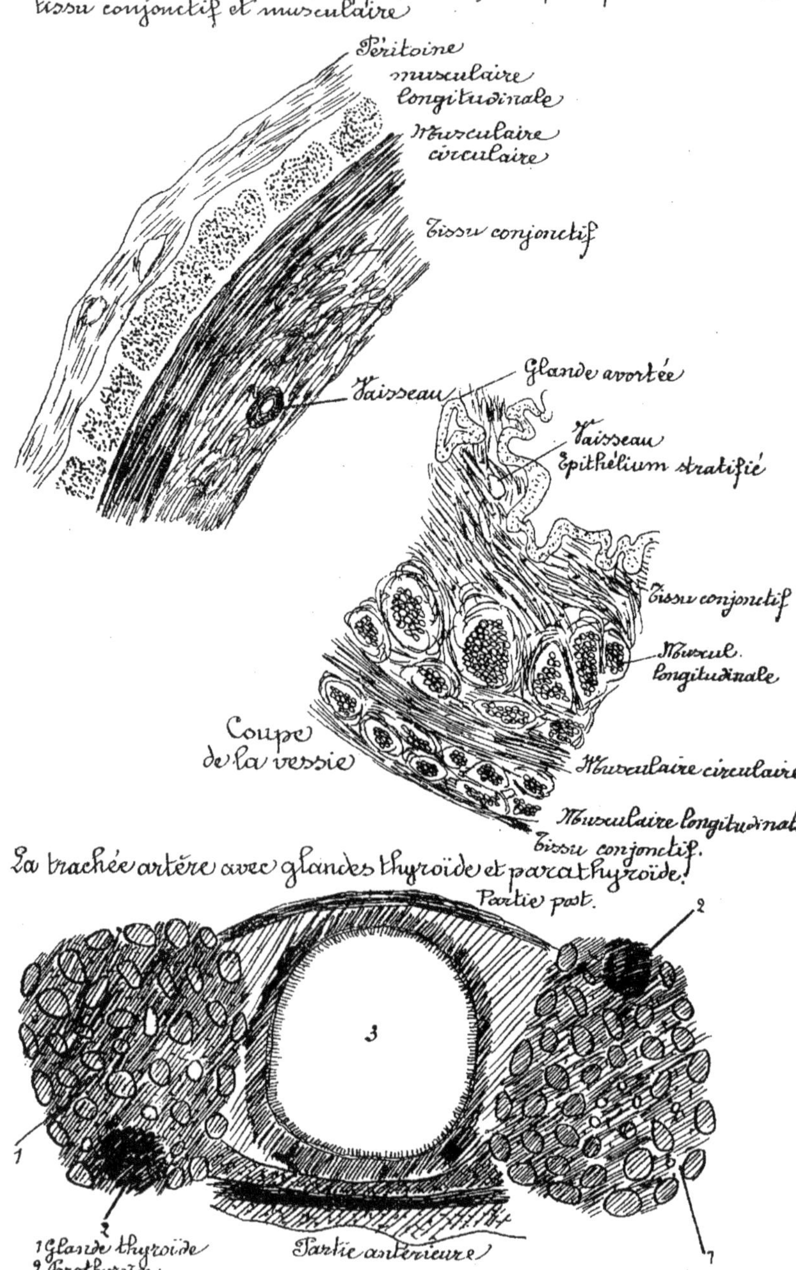

Thymus (corpuscules de Hassal)

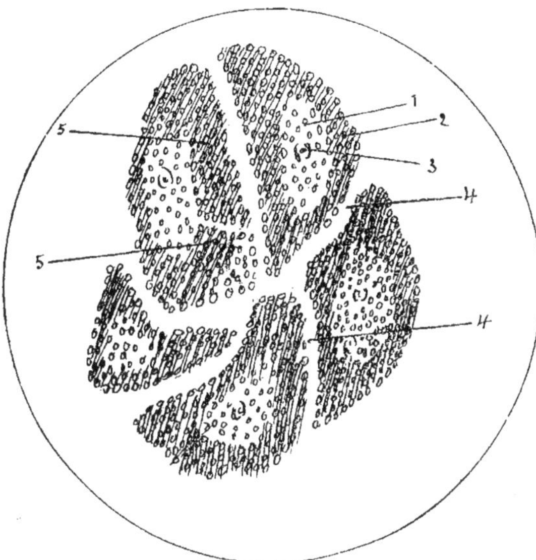

1 Subst. médul.
2 Subst. corticale
3 Corpuscule de Hassal
4 Tissu conjonctif séparant divers lobules.
5 Travées de tissu conjonctif.

Glande thyroïde

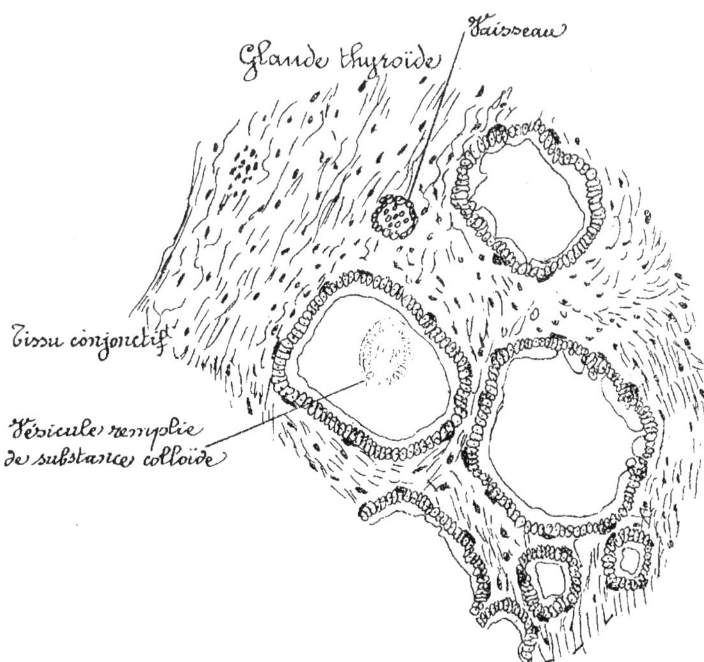

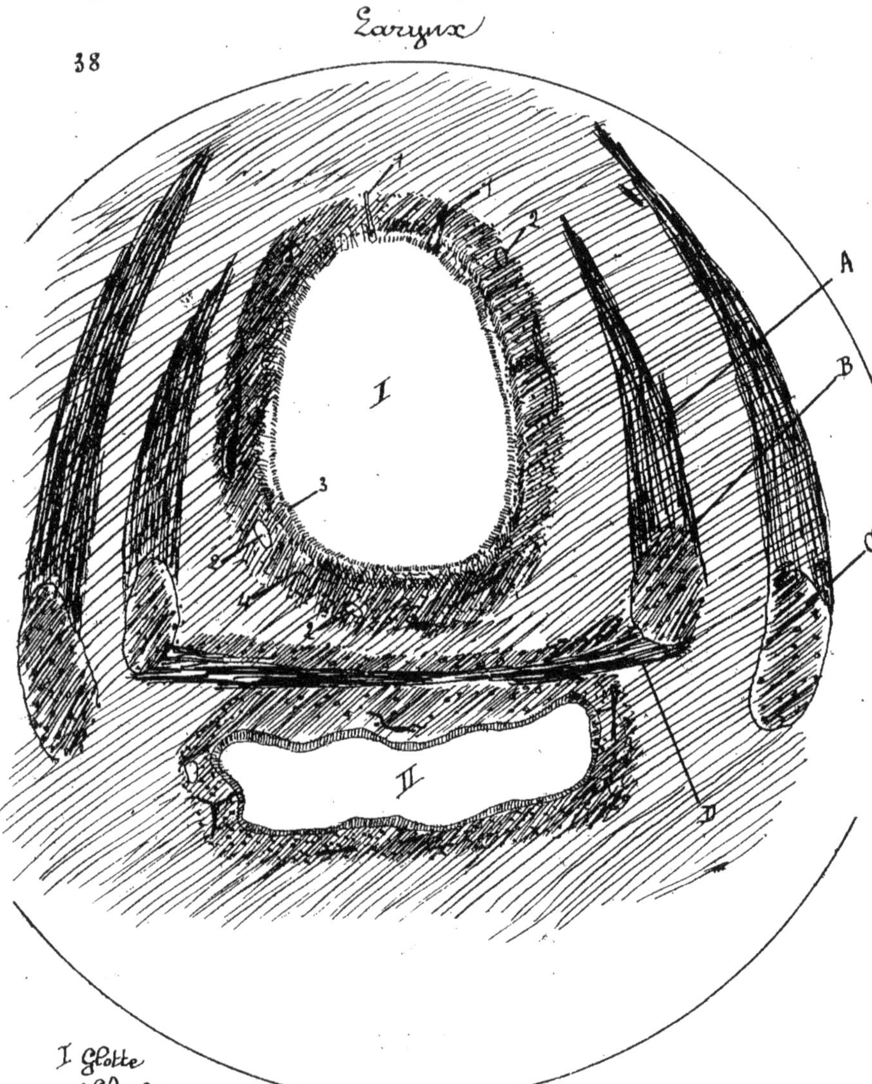

I Glotte
1 Glandes muqueuses
2 Vaisseaux sanguins
3 Épithélium cylindrique stratifié
4 Tissu conjonctif riche en cellules lymphoïdes
A Muscles thyro-ary. thénoïdiens
B Cartillage arythénoïde
C " thyroïde
D Muscles ary-ary thénoïdiens
II Oesophage.

Alvéoles pulmonaires

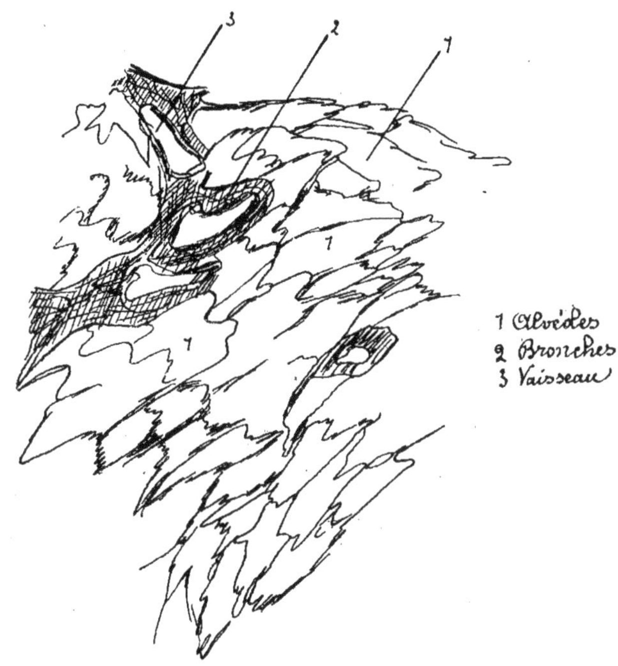

Grosses bronches (Schéma)

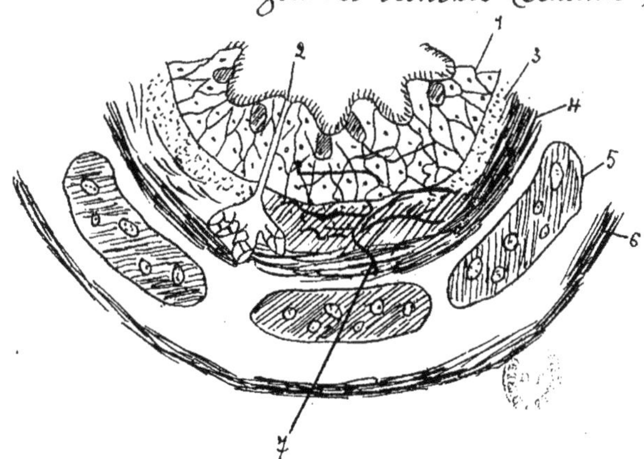

1 Épithél. cylindrique stratifié, cilié
2 Glande muqueuse
3 Tissu conjonctif riche en cellules lymphoïdes
4 Muscles circulaires
5 Blocs cartilagineux
6 Tissu conjonctif
7 Terminaison nerveuse dans l'épithélium.

Petite bronche

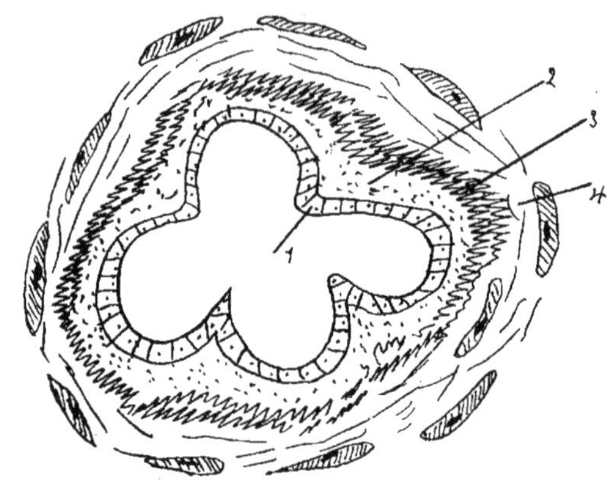

1 Epithélium cubique simple
2 Tissu conjonctif, élastique riche en cellules lymphoïdes
3 Muscles circulaire
4 Tissu conjonctif.

Paroi au niveau des alvéoles.

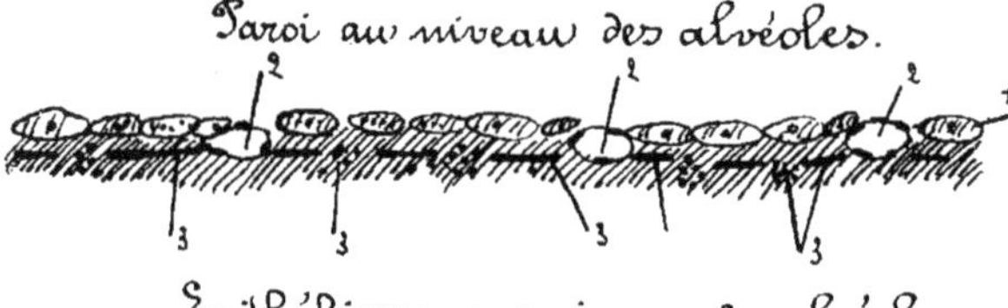

1 Endothélium
2 Vaisseaux
3 Faisceaux de fibres élastiques longitud. et circulaires.

Epithélium au niveau des alvéoles vu à plat.

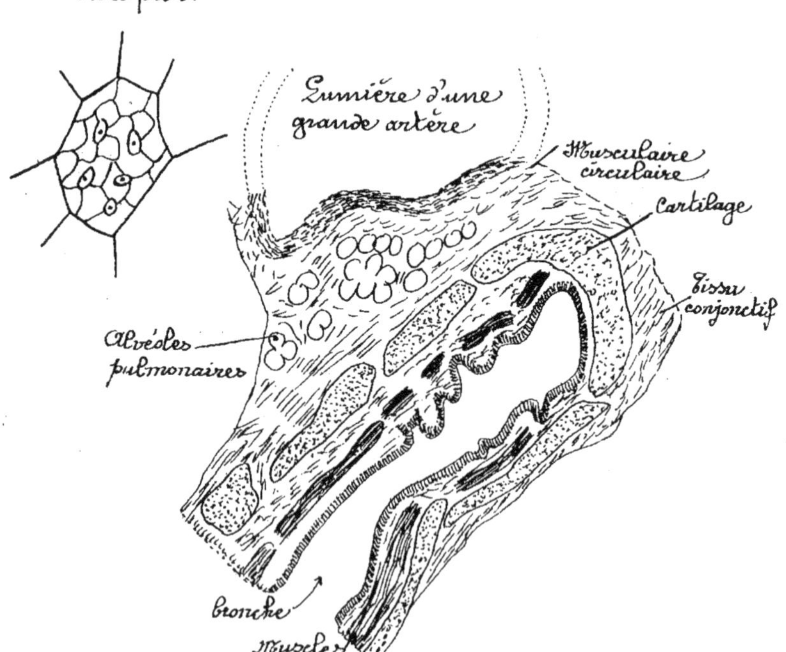

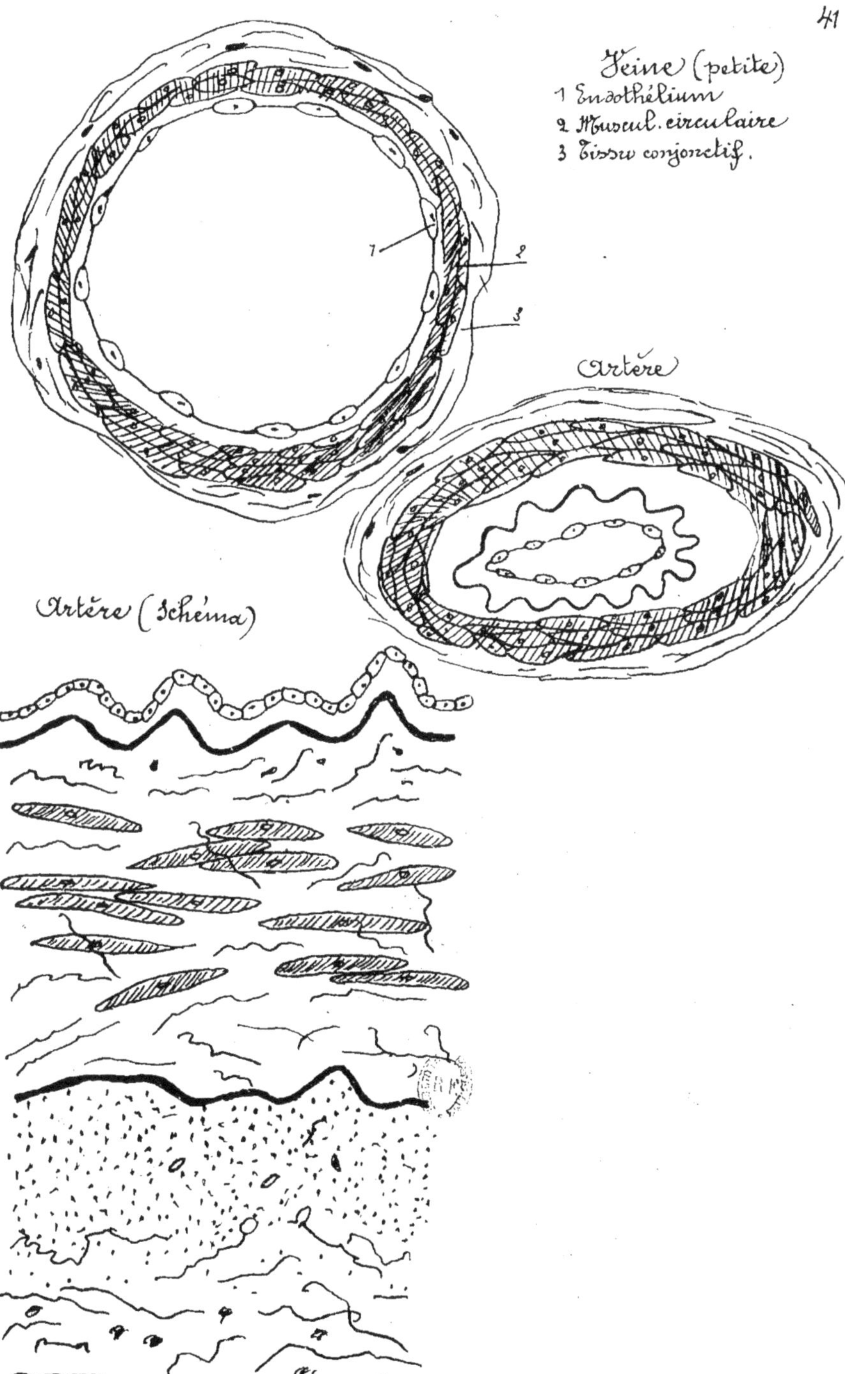
Veine (petite)
1 Endothélium
2 Muscul. circulaire
3 Tissu conjonctif.
1
2
3
Artère
Artère (Schéma)

Capillaire sanguin
(noyaux des globules rouges)

Vaisseau sanguin
(observé dans une dissociation)

Ganglion lymphatique

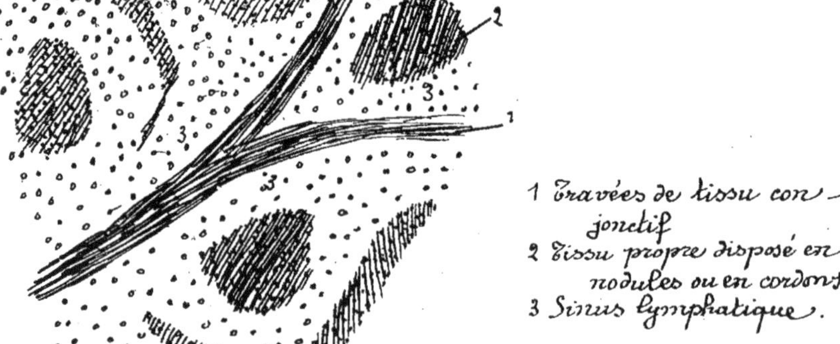

1 Travées de tissu conjonctif
2 Tissu propre disposé en nodules ou en cordons
3 Sinus lymphatique.

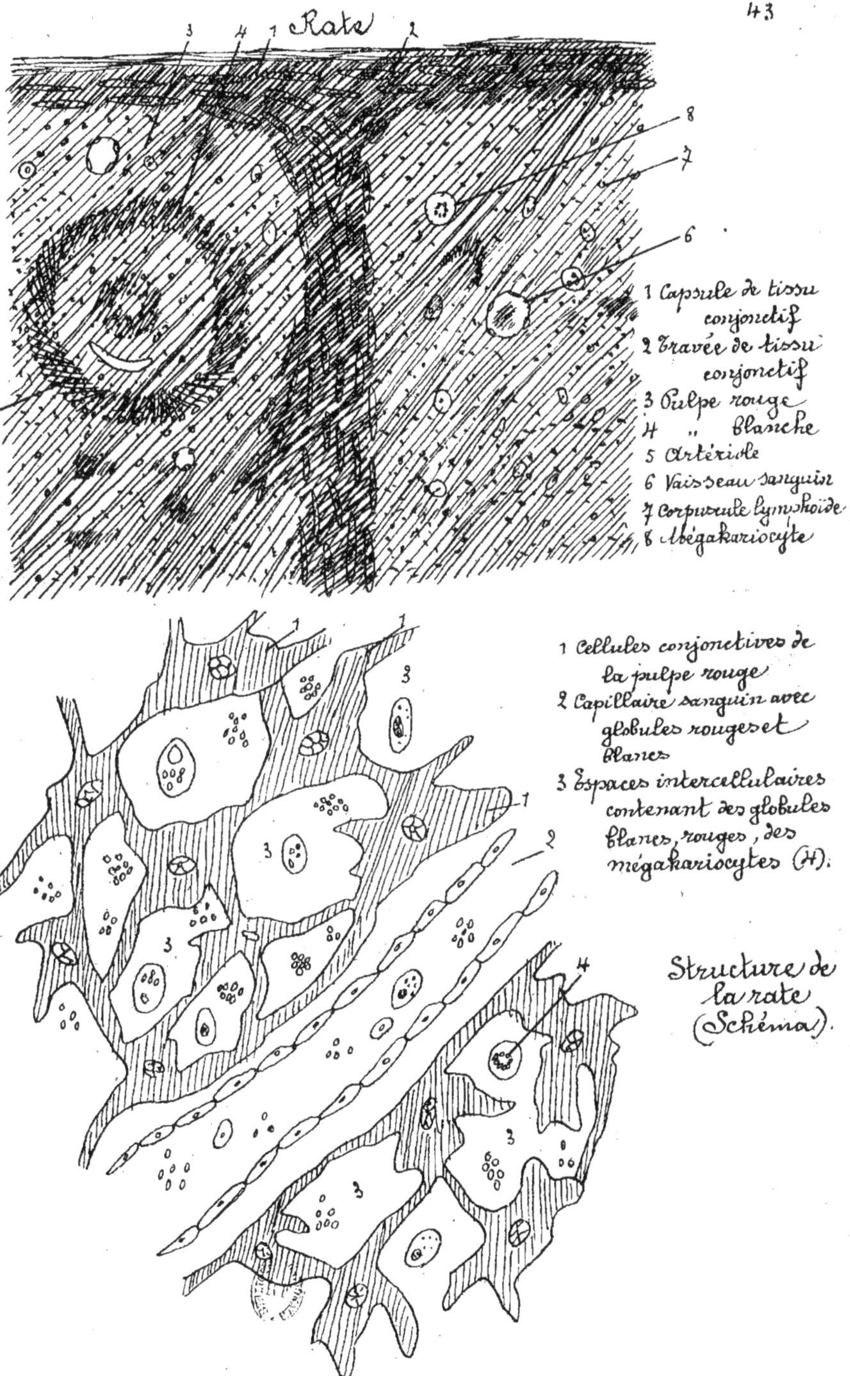

Structure de la rate (Schéma).

Moëlle rouge

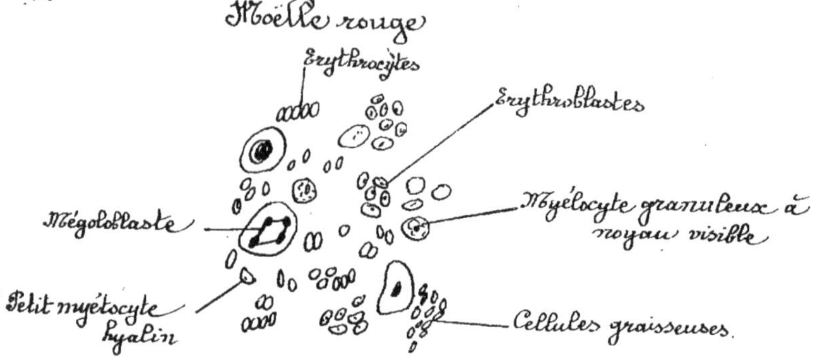

Fémur de jeune mammifère

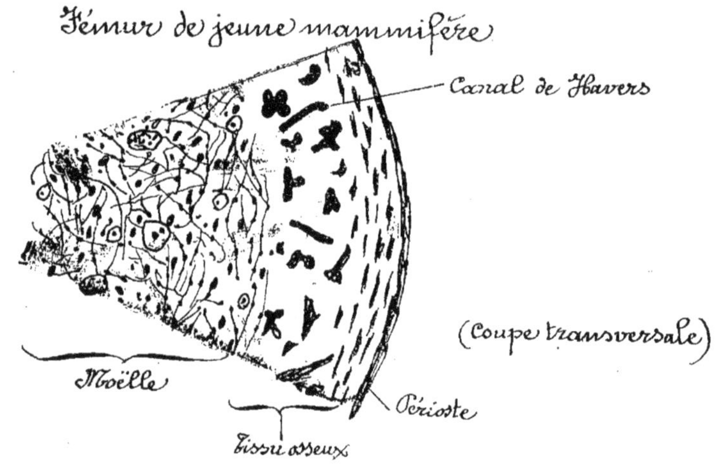

(Coupe transversale)

Fémur de grenouille

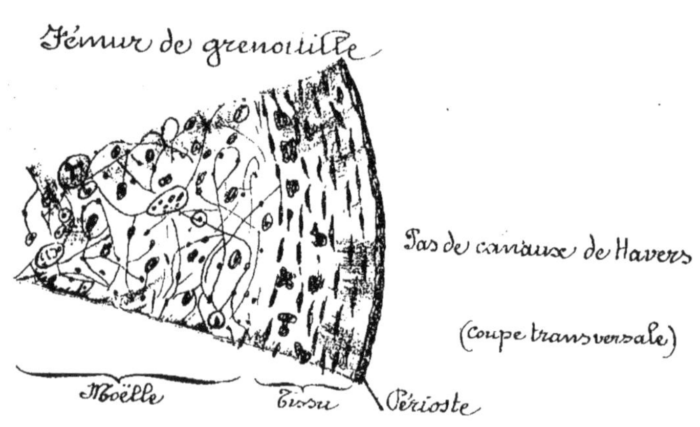

(Coupe transversale)

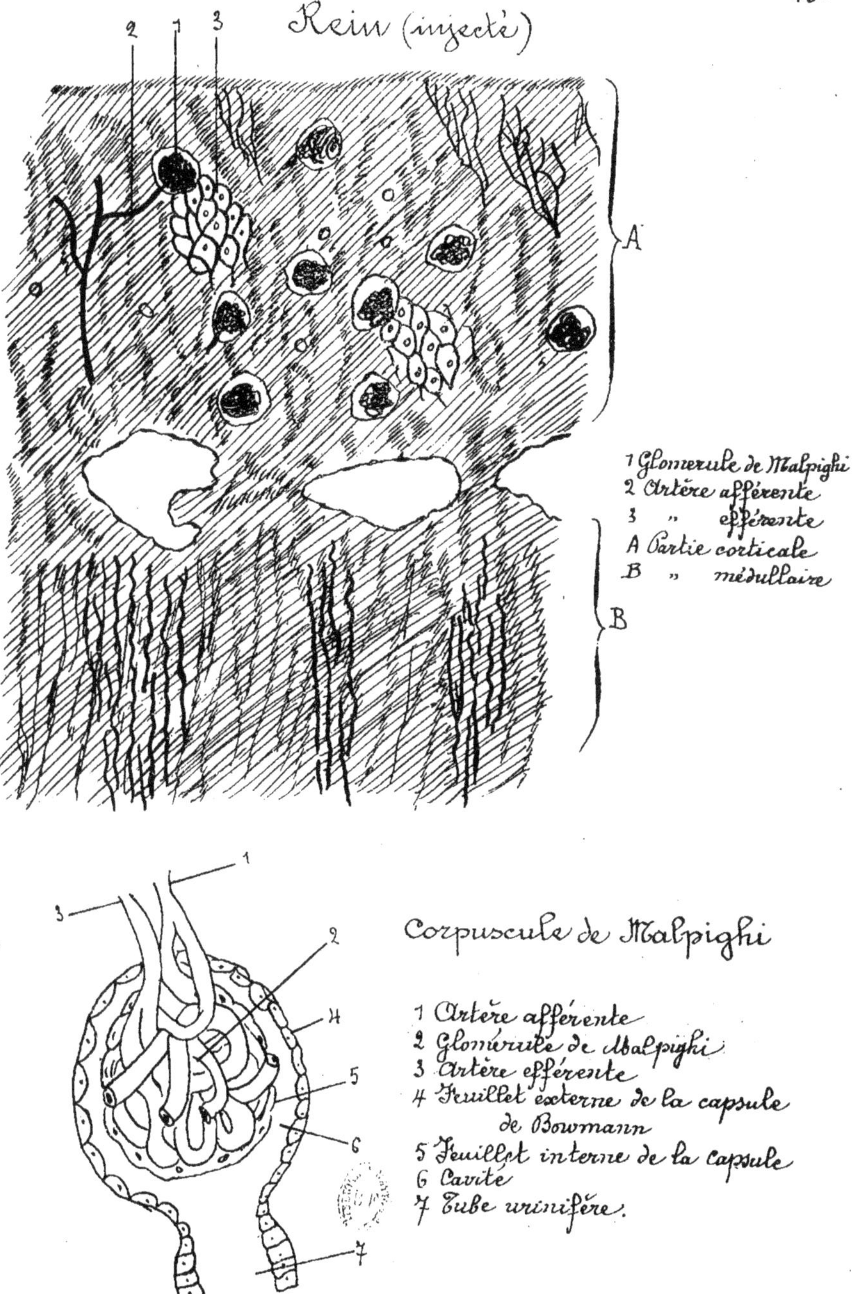
Rein (injecté)
2
1
3
A
B
1 Glomerule de Malpighi
2 Artère afférente
3 " efférente
A Partie corticale
B " médullaire
Corpuscule de Malpighi
1
2
3
4
5
6
7
1 Artère afférente
2 Glomérule de Malpighi
3 Artère efférente
4 Feuillet externe de la capsule de Bowmann
5 Feuillet interne de la capsule
6 Cavité
7 Tube urinifère.

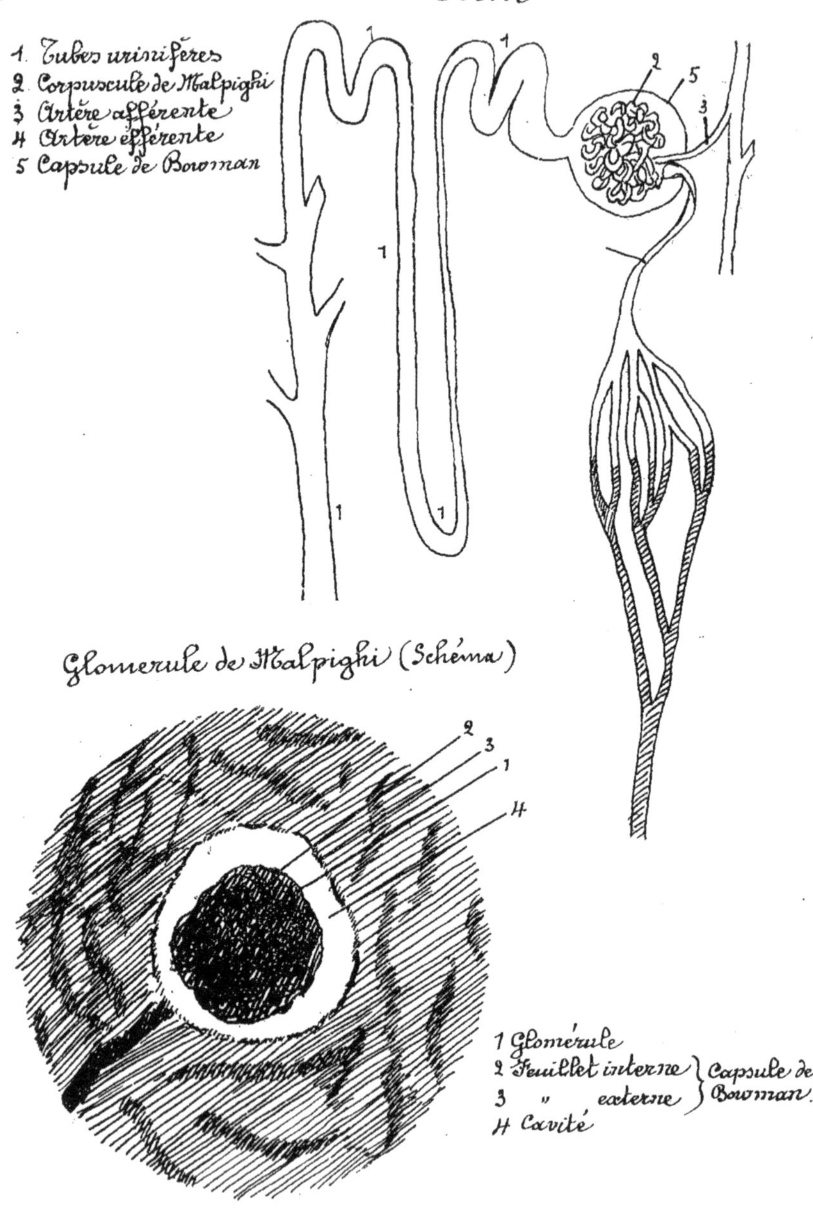
Rein
1. Tubes urinifères
2. Corpuscule de Malpighi
3. Artère afférente
4. Artère efférente
5. Capsule de Bowman
Glomerule de Malpighi (Schéma)
1 Glomérule
2 Feuillet interne
3 " externe
Capsule de Bowman.
4 Cavité

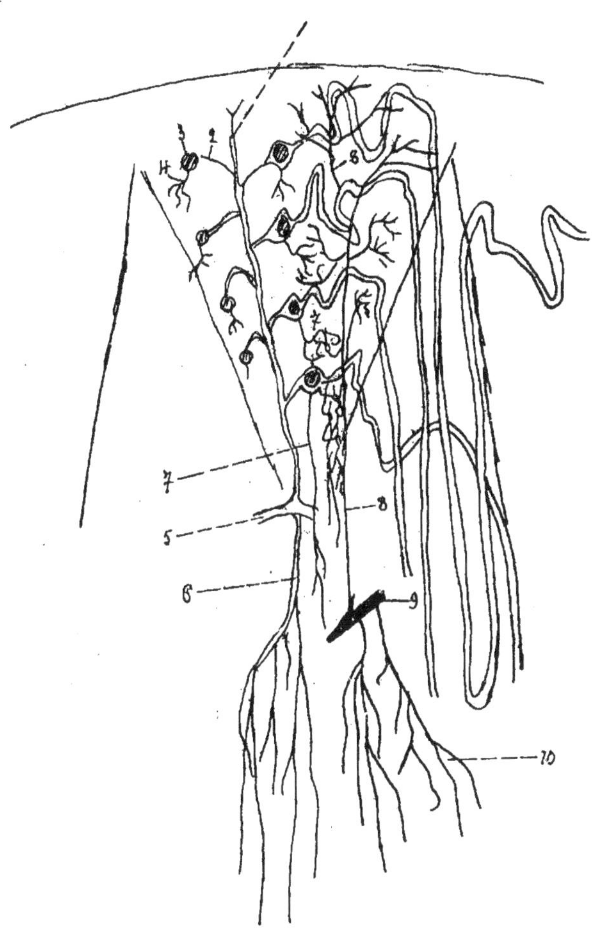

Rein circulation. Schéma

1 Artère interlobulaire
2 " afférente
3 Glomérule de Malpighi
4 Artère efférente
5 Branche artérielle horizontale, à la base des pyramides
6 " " pour la substance médulaire
7 Réseau capillaire faisant suite à l'artère efférente et se jetant dans la
8 Veine interlobulaire qui se jette dans une
9 Veine plus volumineuse située à la base des pyramides
Cette veine reçoit le sang veineux de la partie médulaire du
10 Sein.

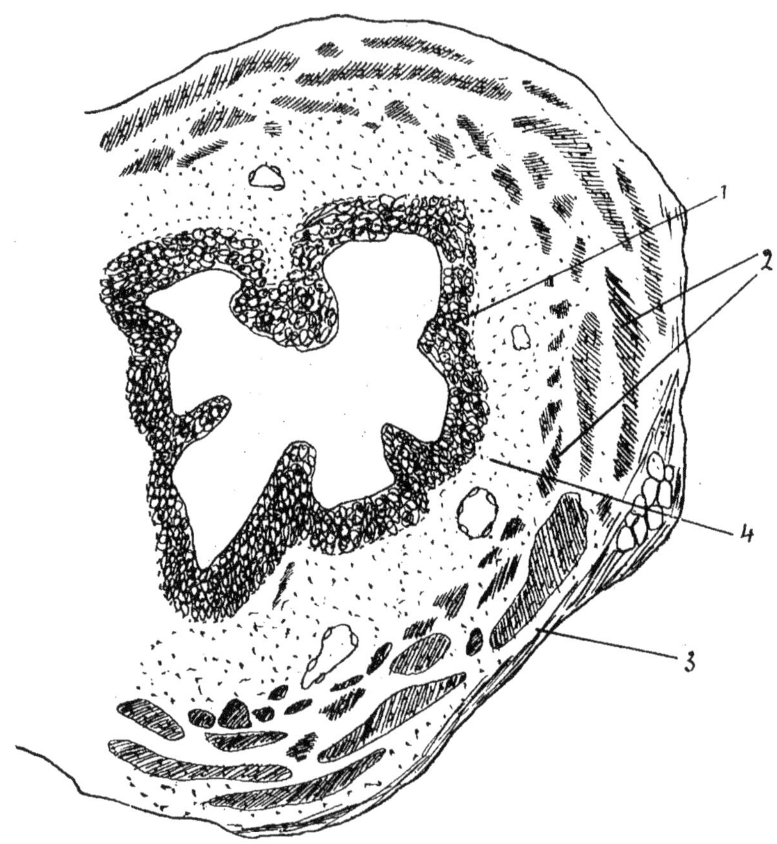

Uretère

1 Epithélium intermédiaire stratifié
2 Fibres musculaires
3 Tissu conjonctif
4 Tissu conjonctif muqueux, riche en fibres élastiques et en cellules lymphoïdes.

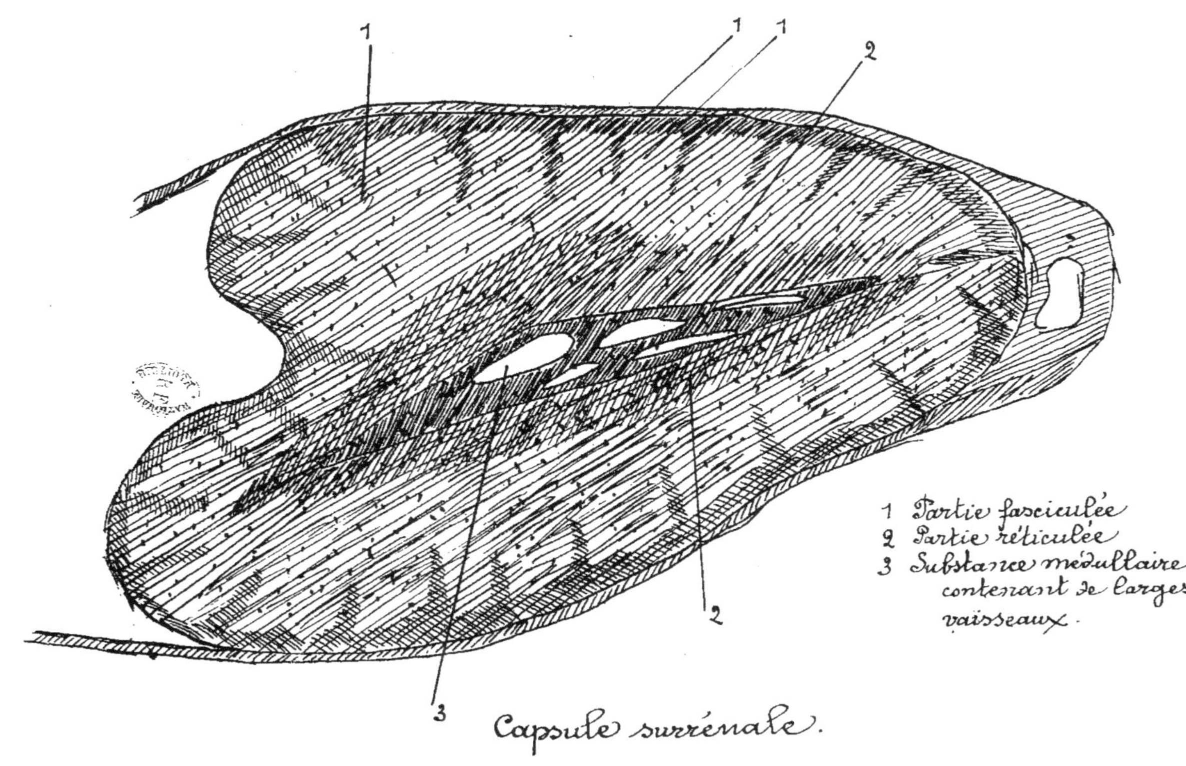

Capsule surrénale.

Urètre

Epithélium
Lumière de l'urèthre
Lacunes
Tissu érectile (spongieux)
Fibre musculaire lisse
Tissu conjonctif
Musculaire strié
Verge

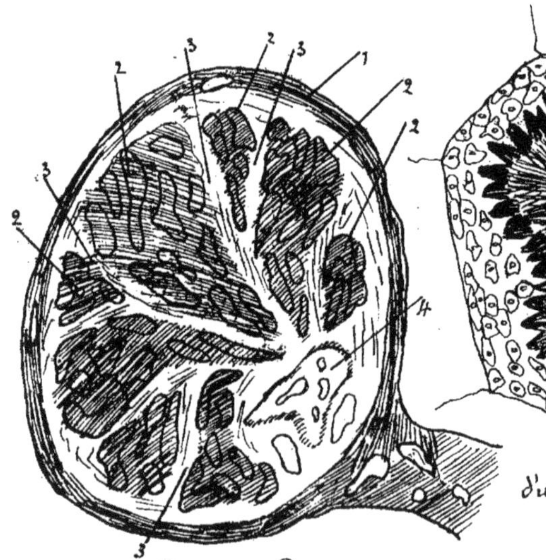

Spermatozoïdes.

Coupe transversale d'un tube du testicule

Testicule

1 Enveloppe conjonctivale
2 Lobules testiculaires séparés par
3 des travées de tissu conjonctif
4 Corps d'Highmore.

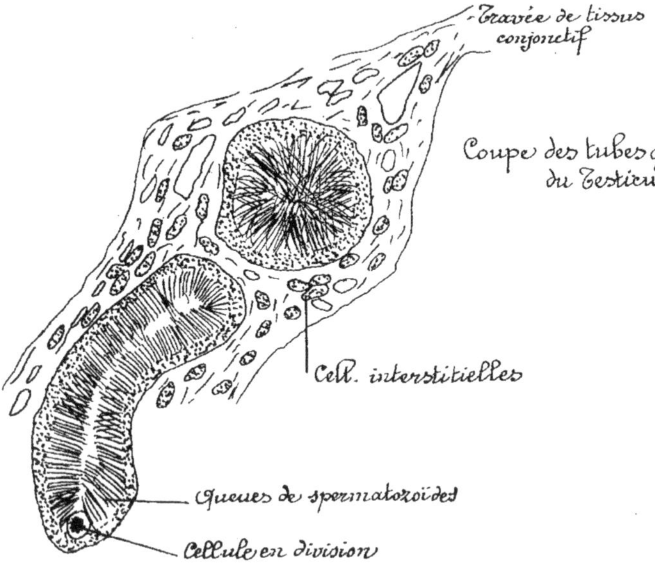

Travée de tissus conjonctif
Cell. interstitielles
Queues de spermatozoïdes
Cellule en division

Coupe des tubes glandulaires du Testicule

1
2
3

1 Épithélium glandulaire
2 Tissu conjonctif et musculaire
3 Lumière d'un acinus

Prostate

Epididyme

1

1 Cellules épithéliales ciliées
2 Tissu conjonctif et quelques cellules musculaires

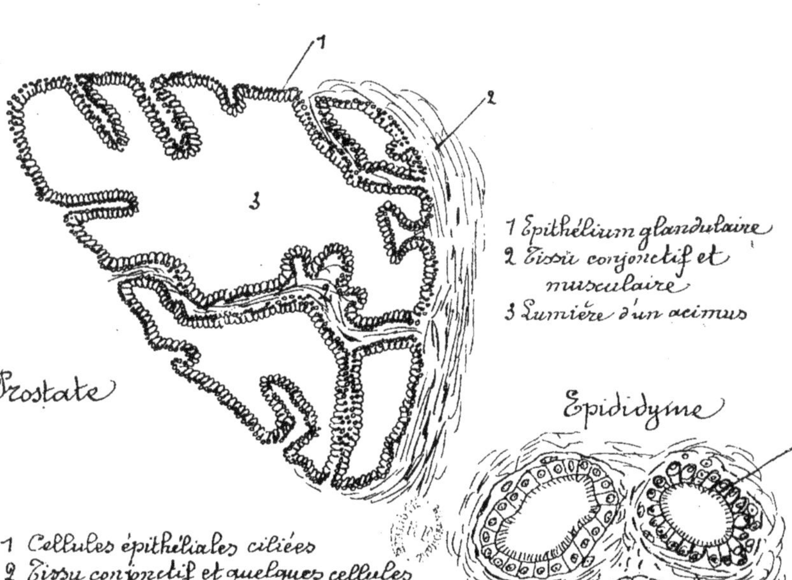

Canal déférent

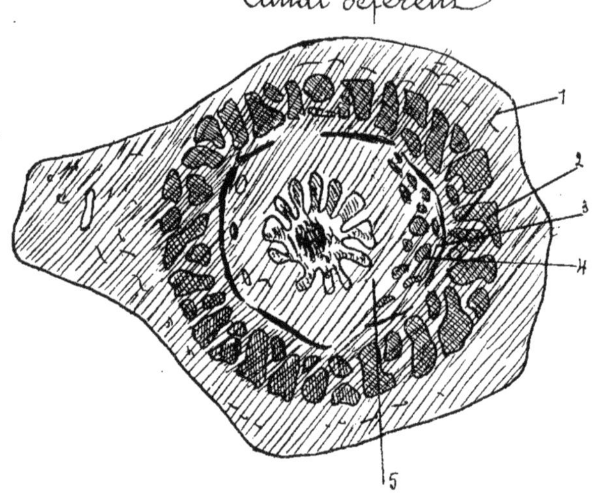

1 Tissu conjonctif avec vaisseaux, nerfs
2 Musculaire longitud. externe
3 Muscul. circulaire
4 Muscul longit. int.
5 Tissu conjonctif et et élastique de la muqueuse soulevant l'épithélium et formant les plis.

Ovaire (ovules aux différents stades)

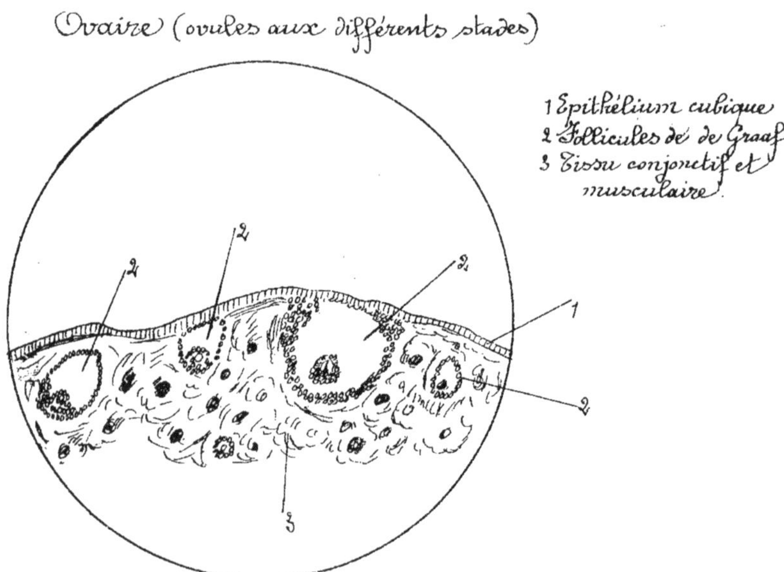

Utérus (partie muqueuse)

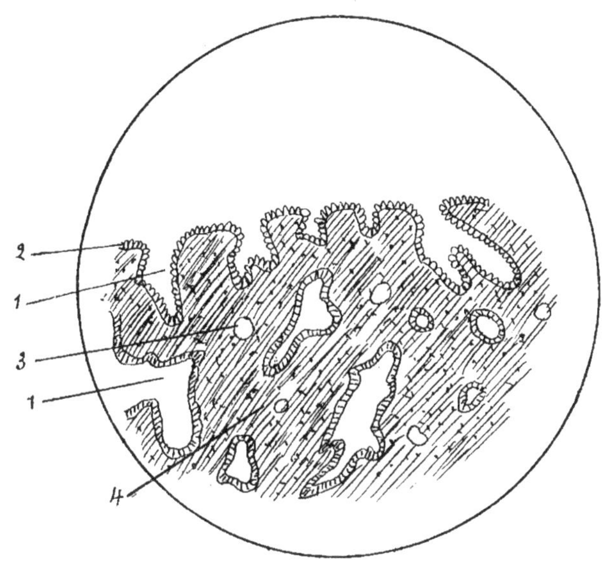

1 Cryptes (glandes tubuleuses)
2 Épithélium
3 Vaisseau. S.
4 Tissu conjonctif.

Trompe de l'uterus

1 Épithélium cylindrique simple cilié
2 Fibres musculaires
3 " "
4 Vaisseau sanguin
5 Tissu conjonctif.

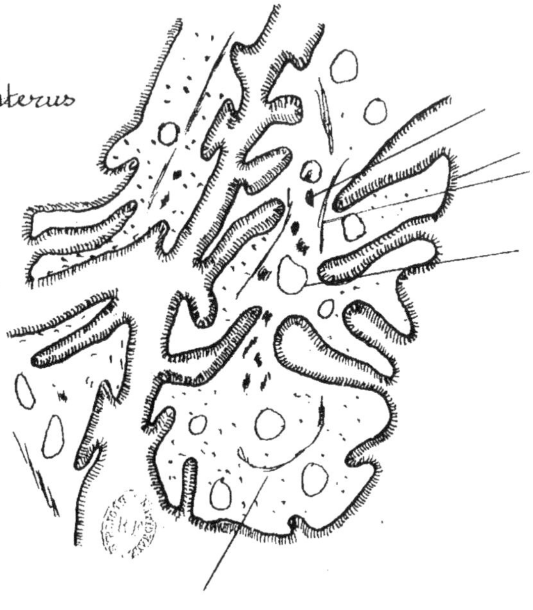

Follicule de de Graaf

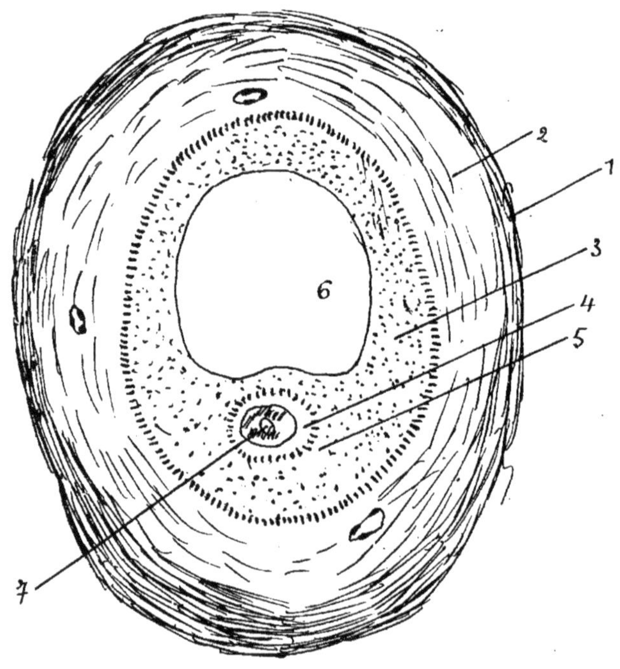

1 Thèque externe
2 Couche de tissu conjonctif ou thèque interne, nombreux vaisseau
3 Couche granuleuse
4 Zone pellucide
5 Disque proligère
6 Liquide folliculaire
7 Ovule avec noyau (vésicule germinative)

Ovaire (Schéma)

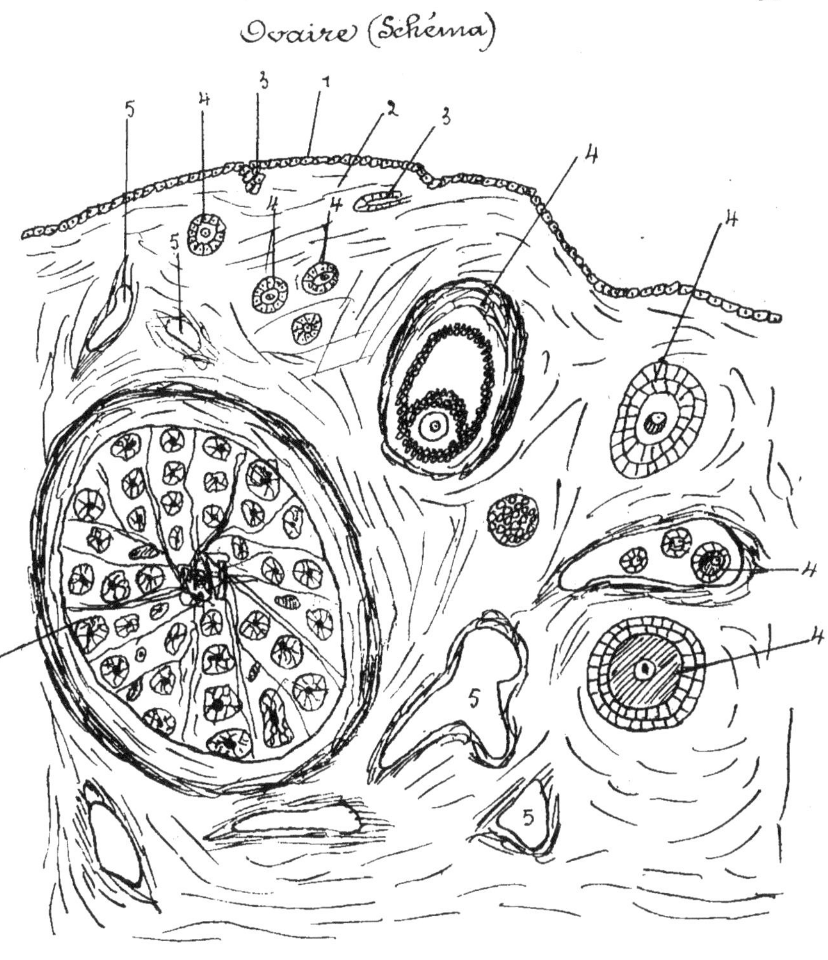

1 Epithélium cubique
2 Tissu conjonctif et musculaire
3 Cordons épithéliaux
4 Follicules ovariques à différents stades de leur évolution
5 Vaisseaux
6 Corps jaune

Ovaire avec jeune follicule de de Graaf

Epithélium

Ovocyte

Tissu conjonctif

Coupe dans l'utérus

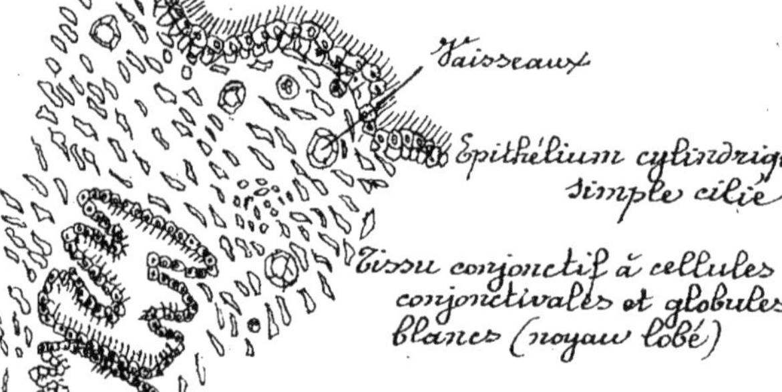

Utérus schématique

1
2
3

1 Epithélium
2 Tissu conjonctif à cellules conjonctivales et globules blancs
3 Vaisseaux.

www.ingramcontent.com/pod-product-compliance
Ingram Content Group UK Ltd.
Pitfield, Milton Keynes, MK11 3LW, UK
UKHW020241220726
13923UKWH00002B/766

9 782019 481407